非煤矿山建设项目安全设施设计编写提纲（尾矿库部分）解读

主　编　裴文田

副主编　李　峰　岑　建

应急管理出版社

·北　京·

图书在版编目（CIP）数据

非煤矿山建设项目安全设施设计编写提纲（尾矿库部分）解读 / 裴文田主编. -- 北京 ：应急管理出版社，2024. -- ISBN 978-7-5237-0914-6

Ⅰ. TD7

中国国家版本馆 CIP 数据核字第 20246WJ740 号

非煤矿山建设项目安全设施设计编写提纲(尾矿库部分)解读

主　　编　裴文田
责任编辑　郭玉娟
责任校对　张艳蕾
封面设计　王　滨

出版发行　应急管理出版社（北京市朝阳区芍药居 35 号　100029）
电　　话　010－84657898（总编室）　010－84657880（读者服务部）
网　　址　www.cciph.com.cn
印　　刷　北京世纪恒宇印刷有限公司
经　　销　全国新华书店

开　　本　710mm×1000mm 1/16　**印张**　12　**字数**　150 千字
版　　次　2024 年 12 月第 1 版　2024 年 12 月第 1 次印刷
社内编号　20241186　　**定价**　60.00 元

主　　编　裴文田
副 主 编　李　峰　岑　建
编写人员　郑学鑫　马艳晶　宋会彬　王军磊　郑　伟
　　　　　周积果　周彩霞　李浩嘉　马　宁
审核人员　李春民　杨凌云　李永密　吴任欧　董　伟
　　　　　刘林林

前　　言

建设项目“三同时”制度是我国安全生产实践中长期坚持的一项制度。在建设项目的设计阶段忽视安全生产要求，对设计、建设和配备应有的安全设施考虑不周，会导致项目建成后存在严重的“先天性”安全隐患。消除这些隐患往往需要付出巨大的代价，有些甚至会造成不可挽回的损失，导致发生重特大生产安全事故。因此，在建设项目的设计施工阶段做好源头防控工作，对防止和减少生产安全事故具有极其重要的意义。我国安全生产法律法规专门规定建设项目安全设施必须坚持“三同时”制度，如《中华人民共和国安全生产法》第三十一条规定“生产经营单位新建、改建、扩建工程项目的安全设施，必须与主体工程同时设计、同时施工、同时投入生产和使用”；《中华人民共和国矿山安全法》第七条也规定“矿山建设工程的安全设施必须和主体工程同时设计、同时施工、同时投入生产和使用”。“三同时”制度的相关规定，为做好非煤矿山建设项目安全设施设计工作提供了根本遵循。

非煤矿山作为传统高危行业，一直是安全生产的重中之重。原国家安全生产监督管理总局于2015年印发了《金属非金属矿山建设项目安全设施设计编写提纲》（安监总管一〔2015〕68号），对规范金属非金属地下矿山、露天矿山和尾矿库建设项目安全设施设计编写、预防非煤矿山生产安全事故、保障非煤矿山安全生产发挥了重大作用。随着技术的进步与发展，我国非煤矿山生产技术和工艺取得了长足进步，安全生产形势随之发生了较大的变化，国家对于新形势下的非煤矿山安全监管也提出了新的要求，特别是2023年中共中央办公厅、国务院办公厅印发了《关于进一步加强矿山安全生产工作的意见》，对于严格非煤矿山源头管控、强化非煤矿山安全设施设计质量和水平，提出了一系列新理念、新要求。为适应新形势下非煤矿山安全发展的需要，更好地指导当前和今后一个时期我国非煤矿山安全设施设计高质量编写工作，国家矿山安全监察局组织中国恩菲工程技术有限公司等行业领域有关专家，在原标准的基础上，吸收、采纳近年来我国非煤矿山领域在生产工艺、科学技术、安全监管、法律法规等方面的新成果、新理念、新要求，编制完成了新的《非煤矿山建设项目安全设施设计编写提纲》，以矿山安全标准形式于2024年4月1日正式发布，2024年4月7日起正式实施。

《非煤矿山建设项目安全设施设计编写提纲（尾矿库部分）》系列标准包括：《非煤矿山建设项目安全设施设计编写提纲　第4部分：尾矿库建设项目安全设施设计编写提纲》（KA/T 20.4—2024）、《非煤矿山建设项目安全设施设计编写提纲　第5部分：尾矿库建设项目安全设施重大变更设计编写提纲》（KA/T 20.5—2024）和《非煤矿山建设项目安全设施设计编写提纲　第6部分：尾矿库闭库项目安全设施设计编写提纲》（KA/T 20.6—2024）。上述标准在总结多年来尾矿库安全生产经验教训的基础上，重点补充或加强了八个方面的内容：一是落实最新法规标准的规定和要求，二是进一步明确对基础资料深度的要求，三是提升基本安全设施的地位，四是明确主要安全风险分析要求，五是提出库址和堆存方式适宜性分析要求，六是加强定量分析的要求，七是补充安全设施重大变更设计编写提纲，八是补充闭库项目安全设施设计编写提纲，进一步规范了尾矿库建设项目安全设施设计编写工作。

为推动上述标准在业界内得到正确理解和实施，本书从条文解释入手，辅之以相关编制要求和内容说明，以帮助尾矿库企业和设计、建设、监管等相关单位工作人员尽快熟悉和掌握相关内容。

因作者水平有限，书中内容难免有不妥和疏漏之处，敬请广大读者批评指正。

编　者

2024年11月

目　　次

第1篇：尾矿库建设项目安全设施设计编写提纲

1　范围

本文件规定了尾矿库建设项目安全设施设计编写提纲的设计依据、工程概述、本项目安全预评价报告建议采纳及前期开展的科研情况、尾矿库主要安全风险分析、安全设施设计、安全管理和专用安全设施投资、存在的问题和建议、附件与附图。

本文件适用于尾矿库建设项目安全设施设计，章节结构应按附录A编制。

【条文说明】

本章是关于标准适用范围的规定。

尾矿库建设项目安全设施设计的主要内容包括：设计依据、工程概述、本项目安全预评价报告建议采纳及前期开展的科研情况、尾矿库主要安全风险分析、安全设施设计、安全管理和专用安全设施投资、存在的问题和建议、附件与附图。因此，本标准主要针对上述各部分内容的具体编写要求做出了详细规定。各部分主要内容如下：

（1）“设计依据”部分对安全设施设计所依据的合法证明文件，安全生产法律、法规、规章和规范性文件，主要技术标准和其他依据编写要求做出了规定。

（2）“工程概述”部分对尾矿库基本情况、尾矿库地质与建设条件、工程设计概况编写要求做出了规定。

（3）“本项目安全预评价报告建议采纳及前期开展的科研情况”部分对项目安全预评价报告提出的对策措施与采纳情况、前期开展的安全生产方面的科研情况的编写要求做出了规定。

（4）“尾矿库主要安全风险分析”部分要求识别影响尾矿库安全的主要风险，并提出控制风险的对策措施。

（5）“安全设施设计”部分要求针对尾矿库建设项目所涉及的尾矿坝、防排洪、地质灾害与雪崩防护设施等基本安全设施和专用安全设施进行详细论述说明。

（6）“安全管理和专用安全设施投资”部分要求提出尾矿库安全管理方面的保障措施、尾矿库安全运行管理主要控制指标，并对专用安全设施投资进行说明。

（7）“附件与附图”部分主要是列出安全设施设计所依据的采矿许可证等附件以及尾矿库建设项目安全设施应包含的各项附图。

本标准虽然对尾矿库建设项目安全设施设计的主要内容编写做出了具体要求，但为了统一格式，便于报告的编写及审阅、审查，本标准在附录A中给出了典型尾矿库建设项目安全设施设计编写目录供各方参考使用。

2　规范性引用文件

下列文件中的内容通过文中的规范性引用而构成本文件必不可少的条款。其中，注日期的引用文件，仅该日期对应的版本适用于本文件；不注日期的引用文件，其最新版本（包括所有的修改单）适用于本文件。

GB 39496　*尾矿库安全规程*

【条文说明】

本章列出了标准的引用文件。

《尾矿库安全规程》（GB 39496）（以下简称“规程”）是尾矿库建设领域唯一一部国家强制标准，是保障尾矿库运行安全的底线要求，规程中详细规定了尾矿库在建设、生产运行、闭库、生产经营单位应急管理等方面的内容，因此规程作为本标准的规范性引用文件。

3 术语和定义

下列术语和定义适用于本文件。

【条文说明】

本章列出了本标准涉及的术语和定义。

尾矿库涉及相关术语较多，本标准仅列出了“尾矿库”“湿式尾矿库”“干式尾矿库”以及“一次建坝”共计4个主要术语，其余术语详见《尾矿库安全规程》（GB 39496）。

3.1

尾矿库　tailings pond

用以贮存金属、非金属矿山进行矿石选别后排出尾矿的场所。

【条文说明】

本条术语是关于尾矿库的定义。

本标准沿用了《尾矿库安全规程》（GB 39496）关于尾矿库的定义，把尾矿库的范围明确限定在用于贮存金属、非金属矿山进行矿石选别后排出尾矿的场所。

尾矿的处置方式分为两种，一种是进行综合利用，主要用于做建筑材料及井下充填等，对另一种不宜或不能进行综合利用的尾矿，必须建设专门的场所进行堆存。尾矿堆存方式分为地表堆存、地下堆存和水下堆存，本条定义的尾矿库专门指用于贮存尾矿的地表堆存场所。

根据尾矿库所处位置的地形条件，尾矿库类型有山谷型、傍山型、平地型、截河型及凹地型5种。

1. 山谷型尾矿库

山谷型尾矿库是在山谷谷口处筑坝形成的尾矿库，如图3.1－1所示。其特点是初期坝相对较短，坝体工程量较小；后期尾矿堆坝相对较易管理维护，当堆坝较高时，可获得较大的库容；库区纵深较长，澄清距离及干滩长度易于满足设计要求；但汇水面积较大时，排洪设施工程量相对较大。

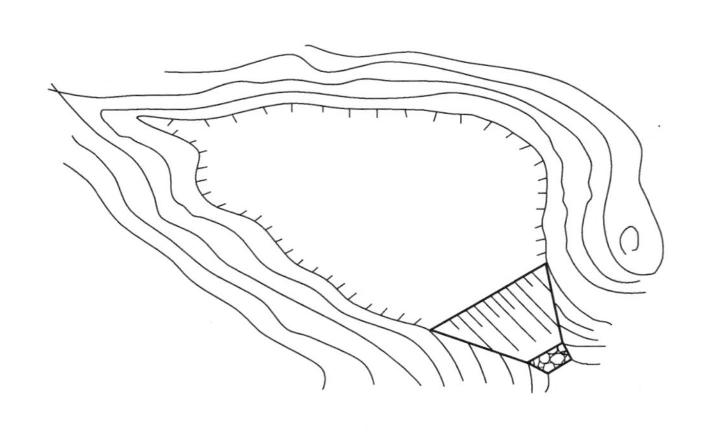

图3.1－1　山谷型尾矿库

对于山谷型尾矿库，会有“左右岸”或“左右坝肩”的说法，习惯上尾矿库的左右岸或尾矿坝的左右坝肩的区分方法为面向坝体的下游向，身体的左手边为左岸或左坝肩，右手边为右岸或右坝肩。

2. 傍山型尾矿库

傍山型尾矿库是在山坡脚下依山筑坝所围成的尾矿库，如图3.1－2所示。其特点是初期坝相对较长，初期坝和后期尾矿堆坝工程量较大；由于库区纵深较短，澄清距离及干滩长度受到限制，后期坝堆的高度一般不太高，故库容较小；汇水面积较小，调洪能力也较小，所需的排洪设施进水构筑物的规格尺寸较大；由于尾矿水的澄清条件和防洪控制条件较差，管理、维护相对比较复杂。国内低山丘陵地区的尾矿库多属于这种类型。

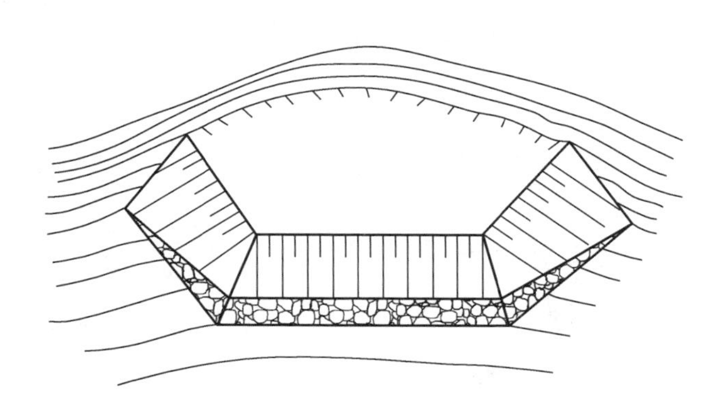

图 3.1－2　傍山型尾矿库

3. 平地型尾矿库

平地型尾矿库是在平地四面筑坝围成的尾矿库，如图 3.1－3 所示。其特点是初期坝和后期尾矿堆坝工程量大，维护管理比较麻烦，但汇水面积小，排水构筑物相对较小。

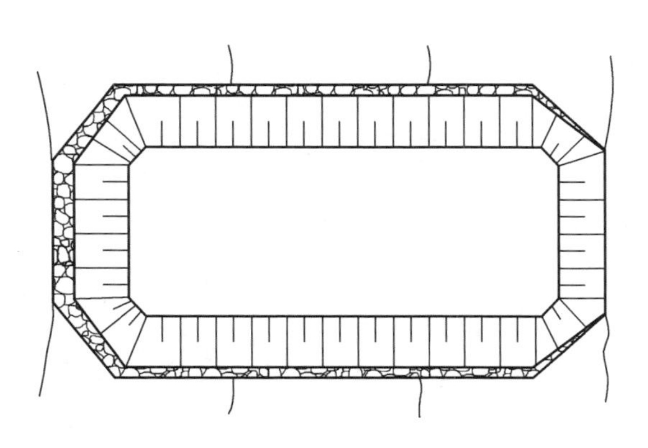

图 3.1－3　平地型尾矿库

4. 截河型尾矿库

截河型尾矿库是截取一段河床，在其上、下游两端分别筑坝形成的尾矿库，如图 3.1－4 所示。有的在宽浅式河床上留出一定的流水宽度，三面筑坝围成尾矿库，也属此类。其特点是库外上游的汇水面积通常很大，库内和库上游都要设置排水系统，配置较复杂，规模庞大。这种类型的尾矿库维护管理比较复杂。

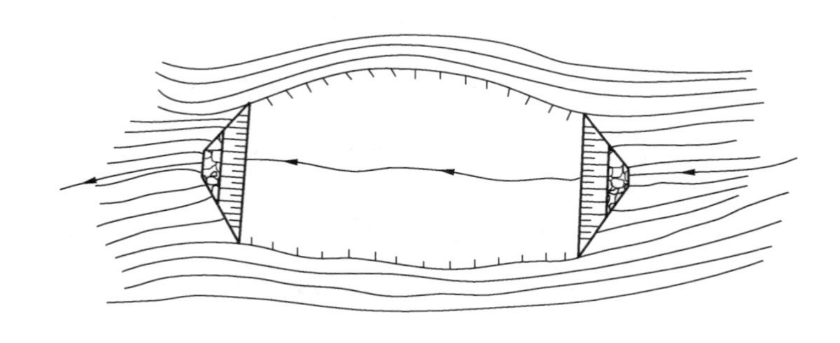

图 3.1－4　截河型尾矿库

5. 凹地型尾矿库

凹地型尾矿库是利用天然凹地或废弃的露天采坑形成的尾矿库，如图 3.1－5 所示。这种类型的尾矿库多数不用筑坝，部分需要筑少量的坝。其特点是库区汇水面积小，筑坝和排洪工程量均较小，管理简单。

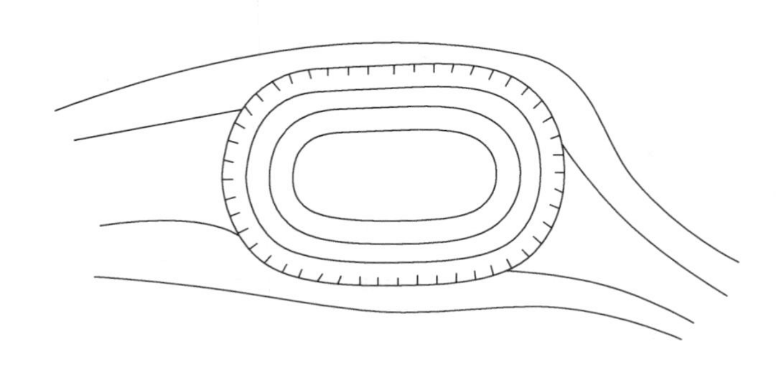

图 3.1－5　凹地型尾矿库

3.2

湿式尾矿库　wet tailings pond

入库尾矿具有自然流动性，采用水力输送排放尾矿的尾矿库。

3.3

干式尾矿库　dry tailings pond

入库尾矿不具自然流动性，采用机械排放尾矿且非洪水运行条件下库内不存水的尾矿库。

【条文说明】

3.2条、3.3条术语是关于湿式尾矿库、干式尾矿库的定义，湿式尾矿库、干式尾矿库是关于尾矿库类别的术语。

任何尾矿库均属于上述两类尾矿库中的一类，尾矿库类别的唯一判别标准即为入库尾矿的状态。尾矿根据其含水率不同，可分为流动、不流动状态，当含水率很大时，尾矿呈浆体状态，极易流动，称其处于流动状态，此时可以称为浆体；当含水率逐渐变小，尾矿浆变稠，体积收缩，其流动能力减弱，逐渐进入不流动状态。必须指出，尾矿从一种状态转变为另一种状态是逐渐过渡的，并无明确界限，不同尾矿其界限也是不明确的，目前工程上需要通过相关试验测定这些界限含水率。

大多数尾矿以浆体状态从选矿厂排出，有的尾矿直接输送至尾矿库进行排放，有的尾矿需要采用浓密设备浓密后再排入尾矿库，无论其入库浓度是多少，只要是尾矿进入尾矿库时处于流动状态，尾矿在尾矿库内是自然流动到相应排放位置的尾矿库，均属于湿式尾矿库，包括入库尾矿达到膏体状态的情况。否则，入库尾矿不具自然流动性，需要采用机械排放至相应排放位置的尾矿库属于干式尾矿库。需要指出的是，干式尾矿库并不是能够排放所有不流动状态的尾矿，具体入库尾矿的含水率在满足《尾矿库安全规程》（GB 39496）的前提下，还需要根据试验确定。对于湿式尾矿库采用机械堆坝的部分不适用于此判别标准。

3.4

一次建坝　one－step constructed dam

全部用除尾矿以外的筑坝材料一次或分期建造的尾矿坝。

【条文说明】

本条是关于一次建坝的定义。

尾矿坝从筑坝材料方面分为采用尾矿筑坝和不采用尾矿筑坝两种，所有不采用尾矿筑坝的尾矿坝在坝型上均属于一次建坝。一次建坝根据所使用筑坝材料不同可分为土石坝、砌石坝和混凝土坝等，对于采用废石筑坝的尾矿坝在坝型上划分也属于一次建坝中的土石坝，只是土石料的来源不同。

一次建坝根据是否在坝前形成有效干滩直接挡水分为挡水坝和非挡水坝，由于挡水坝和非挡水坝的设计要求是不同的，某座一次建坝尾矿坝是属于挡水坝还是非挡水坝是设计人员根据尾矿坝使用要求确定的，并按相应要求进行设计，在设计文件中予以明确，同时在生产运行过程中按相应要求进行管理。

本标准的一次建坝并不要求坝体一次性建成，设计过程中，可以根据尾矿库实际使用需求，分期建造。

4　设计依据

【条文说明】

尾矿库建设项目的设计、施工、竣工验收和生产管理都要依据国家法律、法规，地方法规，国家和行业及地方标准进行。安全设施设计中应该把设计依据列出，以便设计审查人员审查设计是否满足相关要求，也可作为是否通过安全设施设计审查的标准，以及工程建设、竣工验收的依据。

本章是关于尾矿库建设项目安全设施设计报告中关于设计依据的规定，安全设施设计报告中需要单独设置一章。

4.1 设计依据的批准文件和相关的合法证明文件

在设计依据中应列出所服务矿山的采矿许可证。

【条文说明】

批准文件和相关的合法证明文件包括国家和地方政府各个部门出具的批复和审查意见等，比如项目立项或备案文件等。

尾矿库为矿山服务，采矿许可证是正常合法生产的矿山最基本的条件，《关于印发防范化解尾矿库安全风险工作方案的通知》（应急〔2020〕15 号）要求“严格控制新建独立选矿厂尾矿库”，因此应列出矿山的采矿许可证。

4.2 设计依据的安全生产法律、法规、规章和规范性文件

4.2.1 设计依据中应列出安全设施设计依据的有关安全生产的法律、法规、规章和规范性文件。

4.2.2 国家法律、行政法规、地方性法规、部门规章、地方政府规章、国家和地方规范性文件应分层次列出，并标注其文号及施行日期，每个层次内按发布时间顺序列出。

4.2.3 依据的文件应现行有效。

【条文说明】

安全设施设计报告中应设置单独的节列出设计依据的安全生产有关法律、法规、规章和规范性文件。罗列相关文件时，应按国家法

律、行政法规、地方性法规、部门规章、地方政府规章、规范性文件分层次列出；同一层次文件按发布时间进行排序，发布时间晚的排列在前面，发布时间早的排列在后面。

所有文件应标注清楚相关信息，使其条理清晰，便于查阅和审查。国家法律、行政法规、地方性法规以国家主席令、国务院令、地方人大公告或地方政府令的形式予以发布，有明确的施行日期，引用时应标注施行日期，部门规章和地方行政规章以政府公文的形式发布，发布时标有唯一的公文文号，引用时应标注其文号。

所列法规文件应与本项目安全设施设计相关，具有针对性，并现行有效，与安全设施设计无关及已经废止、废除或被替代的文件不得作为设计依据。

审查时应核对列出的相关法律、法规、规章和规范性文件是否现行有效，是否可作为该建设项目的设计依据。

4.3 设计采用的主要技术标准

4.3.1 设计中应列出设计采用的技术性标准。

4.3.2 国家标准、行业标准和地方标准应分层次列出，标注标准代号；每个层次内按照标准发布时间顺序排列。

4.3.3 采用的标准应现行有效。

【条文说明】

安全设施设计报告中应设置单独的节列出设计采用的技术性标准，技术性标准包括国家标准、行业标准、地方标准。罗列标准时，应按国家标准、行业标准和地方标准分层次列出，同一层次标准按发布时间进行排序，发布时间晚的排列在前面，发布时间早的排列在后面。

所有标准应标注清楚其相关信息，使其条理清晰，便于查阅和审查，相关信息包括标准名称、标准代号及发布时间。

所列标准应与建设项目安全设施设计或安全生产相关，并现行有效，与安全设施设计无关及已经废止或废除的技术标准不得作为设计依据。

审查时应核对列出的相关国家标准、行业标准和地方标准是否现行有效，是否可作为该建设项目的设计依据。

4.4 其他设计依据

4.4.1 列出建设项目设计依据的可行性研究报告、安全预评价报告、安全现状评价报告、地质灾害危险性评估报告、相关的岩土工程勘察报告、质量检测报告、试验报告、研究报告等，并标注报告编制单位和编制时间。

4.4.2 岩土工程勘察报告应达到详细勘察的程度。

【条文说明】

其他设计依据是指安全设施设计所依据的技术性文件及已经完成的用于支持安全设施设计的试验、研究成果等，其主要目的是对项目已经完成的相关工作进行说明，便于对安全设施设计的可靠性和全面性进行把握。

根据尾矿库建设项目的具体特点和不同需求，其他设计依据主要包括建设项目可行性研究报告、安全预评价报告、地质灾害危险性评估报告、相关的岩土工程勘察报告、排洪设施质量检测报告、尾矿坝三维渗流分析研究报告、尾矿坝动力稳定分析研究报告、尾矿堆积试验报告等。需要说明的是，上述列举的各项“其他设计依据”并不适用所有尾矿库项目，且其中除安全预评价报告和相关的岩土工程勘察报告以外，其余各项需要应根据尾矿库建设项目的具体情况按照相应标准规范开展针对性的试验或研究工作。

长期以来，相关文件并未对岩土工程勘察报告深度做出规定，以往的尾矿库建设项目安全设施设计中所依据岩土工程勘察报告的深浅不一，如果岩土工程勘察报告深度不够，将使后期施工图设计阶段发生工程地质条件重大变化的可能性增大，尤其是对于一些地质条件复杂的工程，这样不但对工程建设不利，导致项目建设费用增加，工期变长，而且还需要对前期审批的安全设施设计重新审查复核，履行重大变更手续。由于尾矿库岩土工程勘察报告的深度直接关系到安全设施设计的可靠性和安全性，所以安全设施设计依据中的岩土工程勘察报告应达到详细勘察的深度。

《尾矿库安全规程》（GB 39496）关于尾矿库勘察有以下规定：

尾矿库岩土工程勘察应符合有关国家标准要求，按工程建设各勘察阶段的要求，正确反映工程地质和水文地质条件，查明不良地质作用、地质灾害及影响尾矿库和各构筑物安全的不利因素，提出工程措施建议，形成资料完整、评价正确、建议合理的勘察报告。

新建、改建和扩建尾矿库工程详细勘察应符合下列要求：查明坝址、坝肩、库区、库岸的工程地质和水文地质条件；提供区域地质构造、地震地质资料，分析场地地震效应，并提供抗震设计有关参数；查明可能威胁尾矿库、尾矿坝及排洪设施安全的滑坡、潜在不稳定岸坡、泥石流等不良地质作用的分布范围并提出治理措施建议；查明坝基、坝肩以及各拟建构筑物地段的岩土组成、分布特征、工程特性，并提供岩土的强度和变形参数；分析和评价坝基、坝肩、库岸、排洪设施场地等的稳定性，并对潜在不稳定因素提出治理措施建议；分析和评价坝基、坝肩、库区的渗漏及其对安全的影响，并提出防治渗漏的措施建议；分析和评价排洪隧洞、排水井、排水斜槽、排水管和截洪沟等排洪构筑物地基（围岩）的强度、变形特征，当围岩强度不足、地基不均匀或存在软弱地基时，应提出地基处理措施建议；判定水和土对建筑材料的腐蚀性；确定筑坝材料的产地，并查明筑坝材料的性质和储量。

改建和扩建尾矿库工程还应对尾矿堆积坝进行岩土工程勘察，勘察应符合下列要求：查明尾矿堆积坝的成分、颗粒组成、密实程度、沉（堆）积规律、渗透特性；查明堆积尾矿的工程特性；查明尾矿坝坝体内的浸润线位置及变化规律；分析已运行尾矿坝坝体的稳定性；分析尾矿坝在地震作用下的稳定性和尾矿的地震液化可能性。

审查时应重点核实支持安全设施设计的技术性文件是否齐全，结果是否可信，深度是否满足要求。需要指出的是，要特别重视对岩土工程勘察报告深度的审查。

5 工程概述

5.1 尾矿库基本情况

5.1.1 尾矿库基本情况应简述以下内容：

——企业基本情况，说明建设单位简介、隶属关系、历史沿革等；

——尾矿库所处地理位置、自然环境、气象条件及地震资料等；

——尾矿库地形地貌情况，说明尾矿库岸坡坡度、库底平均纵坡，植被情况，库内现有设施与居民情况。

【条文说明】

尾矿库基本情况主要描述上述内容，尽可能做到简单、清晰、明确，便于相关人员对建设项目的基本情况有一个客观、准确的认识。

本条第 1 款中，关于企业基本情况，如果是合建库，应分别说明各个建设单位情况，并明确安全生产主体责任单位。

本条第 2 款中，尾矿库所处地理位置，应描述尾矿库的具体地点，周边交通情况；自然环境应包括项目所处地区的海拔高程、气候特点、地貌特征等；气象条件应结合最新的气象资料描述项目所处地区的降雨、蒸发、气温、湿度、风速等情况；地震资料包括历史地震记录情况，如果开展了场地地震安全性评价的项目，应大致描述采用的地震设防标准、地震峰值加速度和特征周期等参数。

本条第3款中，尾矿库地形地貌情况描述时，可结合实际照片进行说明，如展示库区大致概况，植被情况等。《尾矿库安全规程》（GB 39496）要求“上游式尾矿库库底平均纵坡不得陡于20%”，因此应说明库底平均纵坡情况。居民情况应该由当地政府出具证明文件。

通过上述各项具体内容的说明，能够大致了解尾矿库基本情况，从而对尾矿库筑坝方式合理性有初步判断。

5.1.2 改扩建尾矿库基本情况还应包括以下内容：

——尾矿库历史沿革；

——原设计情况，包括总库容、总坝高、等级、贮存尾矿特性等，并列出原设计的主要技术指标，相关内容应参照表1；

——生产运行情况及安全现状等。

表1 设计主要技术指标表

序号	指标名称	单位	数量	说明
1	尾矿堆存工艺条件			
	尾矿密度	t/m^3		
	堆存总尾矿量	万t		
	设计尾矿堆积干密度	t/m^3		
	尾矿粒度			
	堆存方式		如干堆、湿堆（低浓度、高浓度、膏体）	
	排放方式		如坝前排放、库尾排放等	
	排放重量浓度	%		

表1（续）

序号	指 标 名 称	单位	数　　量	说明
	工作制度	d/a		
		班/d		
		h/班		
2	尾矿库			
	占地面积	hm^2		
	汇水面积	km^2		
	总库容	万 m^3		
	总坝高	m		
	服务年限	a		
	等别			
3	尾矿坝			
3.1	主坝			
3.1.1	初期坝		干式堆存尾矿库的拦挡坝、一次建坝的一期坝	
	坝型			
	坝顶标高	m		
	坝顶宽度	m		
	坝高	m		
	上游坡比			
	下游坡比			
3.1.2	堆积坝			
	筑坝方式		尾矿筑坝或一次建坝	
	堆积坝高或总坝高	m		
	最终坝顶标高	m		
	平均堆积外坡比			
3.1.3	拦砂坝			
	坝型			
	坝顶标高	m		

表 1（续）

序号	指标名称	单位	数量			说明
	坝顶宽度	m				
	坝高	m				
	上游坡比					
	下游坡比					
3.2	1 号副坝					
……	……					
4	截排洪系统					
4.1	库外截排洪设施					
	截排洪型式		如拦洪坝 + 排洪隧洞			
	拦洪坝		坝型、坝顶宽度、坝顶标高、坝高、上下游坡比			
	排洪隧洞		净断面尺寸、长度、坡度、进水口标高、出口标高			
	截洪沟		净断面尺寸、长度、坡度、进水口标高、出口标高			
	排水井		型式（如框架式排水井）、直径、最低进水口标高、井顶标高、井高、竖井深度、竖井直径			
	溢洪道		净断面尺寸、长度、坡度、进水口标高出口标高			
	消力池		净断面尺寸			
4.2	库内排水设施					
	排水形式		如排水井 + 隧洞			
	排水井		1 号排水井	2 号排水井	……	
	形式		如框架式排水井			
	直径	m				

表1（续）

序号	指标名称	单位	数量			说明
	最低进水口标高	m				
	井顶标高	m				
	井高	m				
	竖井直径	m				
	竖井深度	m				
	排水斜槽		1号排水斜槽	2号排水斜槽	……	
	净断面尺寸	m				
	最低进水口标高	m				
	最高进水口标高	m				
	长度	m				
	坡度	%				
	排水隧洞		主隧洞	1号支洞	……	
	形式		如城门洞型			
	净断面尺寸	m				
	长度	m				
	坡度	%				
	进水口标高	m				
	出口标高	m				
	排水管		型式、净断面尺寸、长度、坡度，进口标高、出口标高			
	溢洪道		净断面尺寸、长度、坡度、进水口标高、出口标高			
	消力池		净断面尺寸			
5	尾矿库回水					
	回水方式		如库内浮船回水、坝下回水			

【条文说明】

本条是除5.1.1条所述内容外，针对改扩建尾矿库的额外要求。

本条第1款中，应对尾矿库本次改扩建前的历史沿革进行简要说明，若尾矿库经历过多次改扩建，应对历次改扩建的情况都进行说明，说明顺序按历次改扩建时间由先到后。

对于改扩建项目，还应结合安全现状评价报告，简单叙述尾矿库生产运行情况及安全现状，应重点说明重大事故隐患情况，对于历史上出现的重大事故隐患也应该加以说明。

5.2 尾矿库地质与建设条件

5.2.1 工程地质与水文地质编写应满足下列要求：

——工程地质条件应简述尾矿库库区区域地质构造、地层岩性，尾矿库坝址及排洪系统等主要构筑物的工程地质条件，各层岩土渗透性及物理力学性质指标等。改扩建尾矿库还应说明现有尾矿堆积坝的成分、颗粒组成、密实程度、沉（堆）积规律、堆积尾矿的渗透性及物理力学性质指标等。简述尾矿库库区及库周影响尾矿库安全的不良地质作用；

——水文地质条件应简述库区地表水和地下水的成因、类型、水量大小及其对工程建设的影响，水和土对建筑材料的腐蚀性。改扩建尾矿库还应说明现有尾矿坝坝体内的浸润线位置及变化规律等；

——岩土工程勘察报告结论及建议应简述工程地质与水文地质勘察的结论及建议；重点论述地质条件对坝址及排洪系统等重要安全设施的影响、提出防治措施的建议及场地稳定性和工程建设适宜性评价。改扩建尾矿库应说明尾矿坝能否满足改扩建的要求。

【条文说明】

本节主要是对该建设项目的工程地质及水文地质条件进行说明，

该部分内容应根据项目的岩土工程勘察资料进行编写，对工程勘察资料进行总结、提炼、概述，应突出重点，而不是通篇照抄。

尾矿库库区工程地质条件是尾矿库库址选择、坝址选择和排洪系统设计的重要依据。根据工程地质勘察的结论及建议，对工程建设的适宜性、不良地质作用对工程建设的影响、地表水及地下水对工程建设的影响等进行综合论述，为尾矿坝稳定性分析及相应的安全设施设置是否合理提供依据。

改扩建尾矿库现有尾矿堆积坝将作为基础为后续尾矿坝提供支撑，应对尾矿堆积坝各项指标以及坝体内浸润线位置及变化规律进行重点描述，并对尾矿坝能否满足改扩建要求给出明确结论。

审查时应详细了解该项目的工程地质条件、水文地质条件以及现状尾矿堆积坝的特点，并对安全设施设计中提出的影响本项目生产安全的工程地质及水文地质防范治理措施的有效性及可行性进行审查。

5.2.2 影响尾矿库安全的主要自然客观因素应列出影响本项目生产安全的主要自然客观因素，根据尾矿库实际情况对高寒、高海拔、复杂地形、高陡边坡、洪水、地震及不良地质条件等进行有针对性的说明。

【条文说明】

影响尾矿库安全的主要自然客观因素通常是影响尾矿库安全生产的重要危险因素，因此，在安全设施设计时应根据项目的特点，对尾矿库安全生产危害大、风险大的特殊自然危险因素进行重点论述，以引起设计和生产单位的重视，并提出有效防范和治理措施，确保生产安全。

高寒一般指由于海拔高或者纬度高而形成的特别寒冷的气候区。高海拔会带来气温低、风速大、缺氧等现象，会对工程项目建设带来一定不利影响。高陡边坡指高陡的工程边坡，包括人工改造形成的或受工程影响的边坡，或对工程安全有影响的边坡。另外，复杂地形、洪水和地震也都是工程建设中不利自然因素。

除高寒、高海拔、复杂地形、高陡边坡、洪水、地震这些不利自然因素外，岩溶、滑坡、危岩和崩塌、泥石流、采空区、地面沉降及活动断裂等不良地质作用、地质灾害对尾矿库安全也会产生重大影响，严重的可能成为尾矿库工程是否能够建设的决定性因素。

审查时应核实影响尾矿库安全的主要自然客观因素是否全部列出。

5.2.3 *尾矿库周边环境应简述尾矿库周边环境情况，包括周边的重要设施、生产生活场所、居民点及主要水系与本项目的距离及其相关情况。*

【条文说明】

对尾矿库的周边环境情况进行描述，尾矿库周边设施的位置、与本项目的距离等信息应准确给出。

关于尾矿库周边环境的范围并没有统一规定，应结合国家和地方相关政策文件进行确定。一般情况下，对于山谷型和傍山型尾矿库，上游描述范围应包含整个汇水面积，尾矿库分水岭以外临近区域内如果含有重要设施也应进行描述；尾矿库下游范围应至沟口，并应重点描述尾矿坝坝脚起至下游尾矿流经路径 1 公里范围内的居民和重要设施。

《中华人民共和国长江保护法》和《中华人民共和国黄河保护法》中也对尾矿库的库址有针对性要求，因此尾矿库周边环境描述中还应说明周边水系情况及距离。

审查时应核实设计文件中描述的尾矿库周边环境是否与实际相符，对距离长江、黄河干流或重要支流的距离应重点关注。

5.2.4　库址和堆存方式适宜性分析应包括下列内容：

——根据地质条件、影响尾矿库安全的主要自然客观因素、尾矿库周边环境及国家相关政策文件的要求对库址和堆存方式适宜性进行分析，根据分析结果，做出尾矿库库址和堆存方式适宜性判断；

——涉及搬迁的，应完成全部搬迁工作并说明搬迁完成情况；涉及采空区治理的，应说明采空区治理完成的时限要求。

【条文说明】

5.2.1、5.2.2和5.2.3条分别对尾矿库工程地质与水文地质条件进行了说明，对尾矿库安全生产危害大、风险大的特殊自然危险因素进行了重点论述，对尾矿库周边环境情况也进行了描述，通过这些工作基本上对尾矿库所处的工程建设条件有了较为清晰的认识。本条规定就是基于上述这些工作，对尾矿库库址和堆存方式进行适宜性分析。

影响尾矿库安全的主要自然客观因素通常是影响尾矿库安全生产的重要危险因素，因此，应根据项目的特点对尾矿库安全生产危害大、风险大的特殊自然危险因素进行重点论述分析。尾矿库周边环境分析包括尾矿库上游是否有威胁尾矿库安全的不利因素，以及尾矿库建设对下游及周边的村庄、厂矿、主要水系等所形成的危险、有害因素（如渗漏等）。对照上述因素以及国家相关政策文件，最终给出库址和堆存方式适宜性的明确结论。

尾矿库库区及周边的搬迁和采空区治理均对尾矿库建设有重大影响，对于涉及搬迁的项目，必须完成全部搬迁工作并明确搬迁工作完成情况；对于涉及采空区治理的，必须给出治理完成时限。以便审查时对尾矿库建设的基本条件进行判断。

《中华人民共和国长江保护法》规定，禁止在长江干流岸线三公里范围内和重要支流岸线一公里范围内新建、改建、扩建尾矿库。

《中华人民共和国黄河保护法》规定，禁止在黄河干流岸线和重要支流岸线的管控范围内新建、改建、扩建尾矿库。

国家八部委联合发布的《防范化解尾矿库安全风险工作方案》（应急〔2020〕15 号）明确规定，严禁新建“头顶库”，严禁在距离长江和黄河干流岸线 3 公里、重要支流岸线 1 公里范围内新（改、扩）建尾矿库。

《尾矿库安全规程》（GB 39496）规定：

尾矿库不应设在下列地区：国家法律、法规规定禁止建设尾矿库的区域；尾矿库失事将使下游重要城镇、工矿企业、铁路干线或高速公路等遭受严重威胁区域。

尾矿库所在的省、自治区也会有相关政策要求，也应该根据相关要求进行论述说明。

审查时应核实有无违反国家及属地相关政策要求的情况，搬迁工作是否完成，采空区治理完成时限是否合适，尾矿库库址和堆存方式适宜性分析是否充分，以及对尾矿库库址和堆存方式适宜性判断是否准确。

5.3　工程设计概况

5.3.1　简述尾矿的特性（数量、粒度、浓度、固废类别等）、总体处置规划、工艺、建设计划、尾矿设施的总体布置等。

【条文说明】

数量、粒度、浓度和固废类别是尾矿的基本特性。数量包括项目产出的总尾矿量以及进入尾矿库的堆存量，单位一般以万 t 表示；粒度是表明尾矿细度的参数，一般以不同粒径间隔的含量列表表示，通常指选矿厂产出的全尾矿粒度，当采用分级尾矿筑坝时，还应列出分级尾矿粒度；浓度指矿浆重量浓度，包括尾矿出厂时的浓度，输送浓度以及排放浓度；固废类别指按照环保分类要求通过相关试验确定的固体废物具体类别，主要分为第Ⅰ类一般工业固体废物、第Ⅱ类一般工业固体废物和危险废物。

总体处置规划是指尾矿的处置方式，包括建设尾矿库堆存、综合利用及井下充填等方式，并应说明相应的处置规模和相应的工艺情况；在工艺描述中还应简述选矿厂的生产工艺。

建设计划应结合尾矿库总体设计情况说明各建设设施建设时间和工期、基建期建设内容、生产运行期建设内容。

尾矿设施总体布置应说明尾矿坝、副坝、拦排洪设施、尾矿库联络道路、尾矿库管理站等主要设施总体布置情况。

5.3.2 简述尾矿库类型、库容、坝高、等别、尾矿坝、防排洪系统、防排渗设施、尾矿排放方式、安全监测设施、辅助设施、入库尾矿指标（比重、粒度、浓度、压实度等）检测的内容及要求、工程总投资、专用安全设施投资、工作制度及劳动定员等情况；改扩建尾矿库简述利旧设施及废弃设施的处理情况，安全现状评价报告结论。

【条文说明】

要求对尾矿库的主要设计情况进行简要说明，其目的是使相关人员对项目的建设内容进行全面了解和把握，以便于下一步的查阅和审查工作。

《尾矿库安全规程》（GB 39496）关于筑坝方式有以下规定：

入库尾矿根据堆存方式和筑坝方式应按照设计文件要求的指标检测内容进行必要的检测，指标检测应至少包含以下内容：上游式尾矿筑坝法排放尾矿的比重、浓度、粒度；中线式、下游式尾矿筑坝法堆坝尾矿的比重、浓度、粒度；干式尾矿库入库尾矿的比重、含水率及碾压后的压实度。

湿式尾矿库入库尾矿指标检测频率应不少于每周一次，干式尾矿库入库尾矿指标检测频率应不少于每天一次，设计文件中对检测频率有明确要求的，检测频率还应满足设计要求。当检测指标与设计指标偏差超过5%时，应增加检测次数并分析原因、及时解决存在问题。检测指标与设计指标偏差超过10%时，应先停止排放，待问题解决后方可恢复排放。

因此，安全设施设计文件中必须明确入库尾矿指标检测内容和要求，以便生产经营单位按相关要求执行。

改扩建尾矿库应说明安全现状评价情况，对利旧设施和废弃设施的处理情况进行说明，便于相关人员快速了解项目主要技术内容、特点以及审查、验收工作的高效进行。

5.3.3 列出设计的主要技术指标，相关内容可参考表1；改扩建尾矿库应对利旧设施在表1说明部分加以说明。

【条文说明】

安全设施设计编写时可根据表格的内容和提示，结合尾矿库的实际情况进行填写，没有的项目可以在表格中删除，如一些尾矿库没有副坝，则表格中的副坝部分就应删除，这样可以使表格简洁和一目了然。

表中有关指标名称解释如下：

尾矿密度指尾矿干矿密度，在土力学上指尾矿土颗粒的密度，单位用t/m^3表示；

堆存总尾矿量是指尾矿库整个服务期内，入库的尾矿总质量，用万t表示；

设计尾矿堆积干密度是指设计采用的尾矿库内的尾矿平均堆积干密度；

尾矿粒度在此应列出入库尾矿粒度控制指标，采用分级尾矿筑坝的，还应列出分级尾矿的粒度控制指标。

根据堆存方式不同，尾矿库主要有两种，湿式尾矿库和干式尾矿库，因此堆存方式对应分为湿堆和干堆两种。另外，关于入库尾矿具体的浓度情况如低浓度、高浓度或者膏体，可在“说明”列中写明。

根据《尾矿库安全规程》（GB 39496），对于干式尾矿库尾矿排放方式和筑坝方式是相对应的，可分为库前式尾矿排矿筑坝法、库周式尾矿排矿筑坝法、库中式尾矿排矿筑坝法、库尾式尾矿排矿筑坝法；对于湿式尾矿库，尾矿排放方式包括坝前排放、库尾排放、周边排放、中心排放，尾矿排放方式可以选择上述中的一种或几种，在设计文件中应予以明确。

排放重量浓度指入库尾矿排放的重量浓度；入库尾矿指进入堆存位置的尾矿，如某尾矿库尾矿在选矿厂浓缩输送到尾矿库稀释后进行排放，则入库尾矿指的是稀释后的尾矿。

关于“初期坝”，包括后期采用尾矿筑坝的初期坝和拦挡坝，如湿式尾矿库上游法、中线法和下游法尾矿坝的初期坝，干式尾矿库库前式尾矿排矿筑坝法和库周式尾矿排矿筑坝法的拦挡坝，还包括一次建坝分期建造的一期坝。需要说明的是：有些后期采用尾矿筑坝的尾矿库初期坝也采用分期建设的型式，如分两期或三期建设，然后再采用尾矿筑坝，这些分期建设的坝体也应在此也应说明。

一般情况下，初期坝每隔一定高度需要设置马道，上游坡比和下游坡比指的是马道高程之间的坡度；当不同高程之间坡比不同时，应按高程给出。

堆积坝高用于表征后期采用尾矿筑坝的尾矿坝，“堆积坝高”指的是“堆坝高度或堆积高度”，根据《尾矿库安全规程》（GB 39496），干式尾矿库为尾矿坝顶面最高点与坝脚最低点的高差，当尾矿坝坝脚有初期坝或拦砂坝作为支撑体时，为尾矿坝顶面最高点与初期坝或拦砂坝坝顶的高差；上游式尾矿坝为尾矿堆积坝坝顶与初期坝坝顶的高差；中线式和下游式尾矿坝为尾矿堆积坝坝顶与坝顶轴线处的原地面标高的高差。堆坝高度或堆积高度用于表征采用尾矿堆坝的尾矿堆积体外坡面的高度，其与尾矿坝高是有很大区别的，但是在有些情况下，其取值又是相同的，表5.3－1给出了不同坝型尾矿坝高和堆坝高度的取值对比分析。从表中也可以发现，堆积坝高和总坝高有相同的情况，因此这里用“堆积坝高或总坝高”表示。

表5.3－1　尾矿坝高与堆坝高度的取值对比

<table>
<tr><th>库型</th><th colspan="2">坝　型</th><th>坝　高</th><th>堆坝高度</th><th>差别</th></tr>
<tr><td rowspan="3">湿式尾矿库</td><td colspan="2">上游法尾矿坝</td><td>堆积坝坝顶与初期坝坝轴线处原地面的高差</td><td>尾矿堆积坝坝顶与初期坝坝顶的高差</td><td>相差初期坝坝高</td></tr>
<tr><td colspan="2">中线法尾矿坝</td><td>尾矿堆积坝顶与坝轴线处原地面的高差</td><td>尾矿堆积坝顶与坝轴线处原地面的高差</td><td>相同</td></tr>
<tr><td colspan="2">下游法尾矿坝</td><td>尾矿堆积坝顶与坝轴线处原地面的高差</td><td>尾矿堆积坝顶与坝轴线处原地面的高差</td><td>相同</td></tr>
<tr><td rowspan="6">干式尾矿库</td><td colspan="2">库前式尾矿坝</td><td>尾矿坝顶面最高点至初期坝坝轴线处原地面的高差</td><td>尾矿坝顶面最高点与初期坝坝顶的高差</td><td>相差初期坝坝高</td></tr>
<tr><td colspan="2">库周式尾矿坝</td><td>尾矿坝顶面最高点至初期坝坝轴线处原地面的高差</td><td>尾矿坝顶面最高点与初期坝坝顶的高差</td><td>相差初期坝坝高</td></tr>
<tr><td rowspan="2">库中式尾矿坝</td><td>尾矿与拦砂坝不接触</td><td>尾矿坝顶面最高点与坝脚最低点的高差</td><td>尾矿坝顶面最高点与坝脚最低点的高差</td><td>相同</td></tr>
<tr><td>尾矿与拦砂坝接触</td><td>尾矿坝顶面最高点至拦砂坝坝轴线处原地面的高差</td><td>尾矿坝顶面最高点与拦砂坝坝顶的高差</td><td>相差拦砂坝坝高</td></tr>
<tr><td rowspan="2">库尾式尾矿坝</td><td>尾矿与拦砂坝不接触</td><td>尾矿坝顶面最高点与坝脚最低点的高差</td><td>尾矿坝顶面最高点与坝脚最低点的高差</td><td>相同</td></tr>
<tr><td>尾矿与拦砂坝接触</td><td>尾矿坝顶面最高点至拦砂坝坝轴线处原地面的高差</td><td>尾矿坝顶面最高点与拦砂坝坝顶的高差</td><td>相差拦砂坝坝高</td></tr>
</table>

关于“平均堆积外坡比”，“外坡比”指的是尾矿坝的垂直高度与水平宽度的比值，坝体的平均堆积外坡比是对尾矿堆积坝坝体外坡整体坡度的评价指标，外坡比通常用 $1:a$ 表示，如 $1:3.0$，堆积坝坝体平均堆积外坡比按图 5.3－1 计算，$a=L/H$。a 值越小表示边坡越陡，通常在判断的时候 a 精确到小数点后 1 位即可。

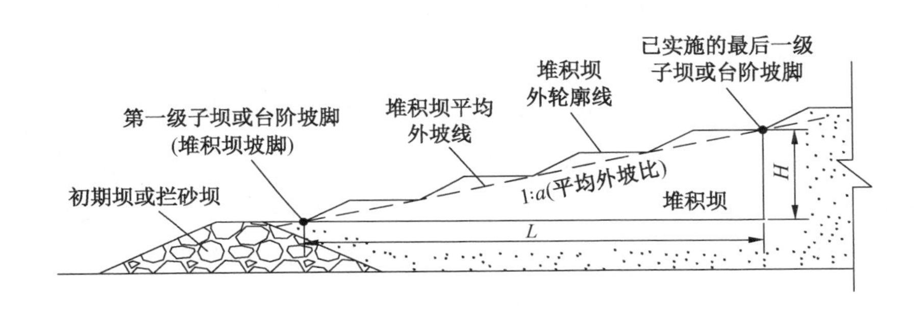

图 5.3－1　堆积坝坝体平均外坡比计算示意图

拦砂坝指建在尾矿排放的下游向，用于拦挡由雨水冲刷所挟带尾矿的坝。对于湿式尾矿库采用中线式尾矿筑坝法、下游式尾矿筑坝法和干式尾矿库采用库中式尾矿排矿筑坝法、库尾式尾矿排矿筑坝法的尾矿坝，由于其在运行期最终外坡是裸露的，为了防止尾矿的流失，其在尾矿排放的下游会建设拦砂坝，对于大中型尾矿库还可能建设多座拦砂坝，根据工程实践，当尾矿库使用至中后期，拦砂坝会和尾矿接触，则拦砂坝属于尾矿坝的一部分。

关于“1 号副坝”，尾矿坝根据建设的位置不同，一般分为主坝和副坝，通常将建在尾矿库主沟下游侧、坝基标高最低的也是需要最先建的尾矿坝称作主坝，其他的坝称为副坝，副坝根据建设顺序称作 1 号副坝、2 号副坝等。各座副坝应在此说明主要设计参数。

库外截排水设施分两种情况，一种是作为排洪设施使用，属于安全设施，由于主要用于防排洪，在名称上一般称作拦洪坝、库外排洪隧洞、截洪沟等；另外一种是作为清污分流设施使用，属于环保设施，在名称上一般称作拦水坝、库外排水隧洞、截水沟等。表1中库外截排洪设施仅包括用于防排洪使用的截洪沟等排水设施，不包含仅作为清污分流使用的截水沟等排水设施。

拦洪坝是设置在尾矿库库尾或周边用来拦挡洪水的构筑物，拦洪坝分两种情况，一种情况是拦洪坝仅用来拦挡洪水，见图5.3－2a，由于尾矿坝的定义是用于拦挡尾矿和水的，该种情况拦洪坝与贮存的尾砂及水不接触，则不属于尾矿坝，应为尾矿库挡水坝；还有一种情况拦洪坝用来拦挡洪水的同时，也拦挡尾矿库堆存的尾砂及水，见图5.3－2b，此类型拦洪坝与贮存的尾矿与水接触，则此种拦洪坝属于尾矿坝，同时也是尾矿库挡水坝，该类尾矿坝在建设过程中要同时满足上述两项功能的要求，设计中要充分考虑尾矿库的运行标高和拦洪区不同运行条件对拦洪坝的影响。对于第二种情况的拦洪坝，应按照副坝进行编号并说明主要参数。

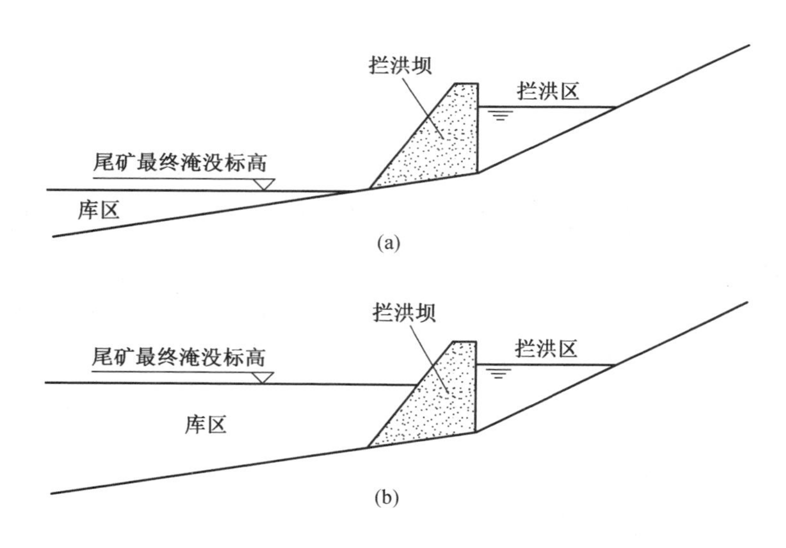

图5.3－2　拦洪坝与拦洪区、库区位置关系示意图

竖井一般设置在排水井下部，底部与排洪隧洞相连接，其深度可按照排水井井座顶标高和与之相连接的隧洞进水口底标高之间的差值

进行计算。

5.3.4　说明尾矿库总体设计情况；分期实施的，分别说明每期设计情况。说明尾矿库基建期工程范围、运行期工程范围、建设进度计划及完成时限要求。

【条文说明】

尾矿库的安全设施可以采用分期建设的方式实施，各安全设施在基建期和运行期的建设内容、建设进度计划以及完成时限应明确给出，以便审查时对安全设施分期建设的合理性进行判断，运行期及时完成建设，安全设施验收时准确确定验收内容。

尾矿库安全监测设施通常需要分期实施，在进行安全设施设计时，必须明确基建期和各运行期尾矿库安全监测实施的具体内容，在尾矿库竣工验收时必须建成监测系统，完成基建期需实施内容。

6　本项目安全预评价报告建议采纳及前期开展的科研情况

6.1　安全预评价报告提出的对策措施与采纳情况

用表格形式列出安全预评价报告中提出的需要在安全设施设计中落实的对策措施，简要说明采纳情况，对于未采纳的应说明理由。

【条文说明】

根据《中华人民共和国安全生产法》，金属非金属矿山尾矿库建设项目在可行性研究完成后，要编制安全预评价报告，安全预评价对于预防和控制项目建设和生产中的安全问题有重要的指导作用。在安全设施设计中，应对安全预评价报告的意见进行分析，将建议内容纳入安全设施设计中，以保证项目安全设施设计更加完善。由于安全预评价报告提出的建议和措施不一定都能够得到落实，有些也不一定合适，安全设施设计中应对安全预评价报告的建议和措施进行分析，不予采纳的要给出理由，采纳的要详细说明，并针对性地纳入安全设施设计中。这样就能实现项目审查程序的无缝对接，保证安全设施设计完善，真正发挥安全预评价的作用。具体表述格式可按表 6.1－1 进行。

表 6.1－1　安全预评价报告中补充和完善的安全对策措施与建议

序号	安全预评价报告中补充和完善的安全对策措施与建议	落实情况	说明及备注
1			
2			
…			

审查重点是安全预评价报告中提出的建议的采纳情况，以及未采纳建议的理由是否可靠和充分。

6.2　本项目前期开展的安全生产方面科研情况

叙述本项目前期开展的与安全生产有关的科研工作及成果，以及有关科研成果在本项目安全设施设计中的应用情况。

【条文说明】

在建设项目前期工作的开展过程中，会存在一些不能依靠经验或其他已有项目做法进行决策的问题，需要开展相关的专题研究工作，并将研究成果应用于项目的设计中，以保证项目的建设和生产能够顺利进行。当开展的专题研究与安全相关时，需要在此列出，并简述研究成果及其在设计中的应用情况，为相应部分的安全设施设计提供依据。

常见的科研工作包括尾矿坝三维渗流分析研究、尾矿坝动力稳定分析研究、尾矿堆坝试验等，中线法和下游法等利用分级尾砂的筑坝方式还包括尾砂分级试验等。

审查重点除了要关注开展的科研工作内容是否满足安全设施设计编制的需要，还要关注科研工作的承担单位是否满足国家相关要求。

7 尾矿库主要安全风险分析

7.1 根据地质条件、影响尾矿库安全的主要自然客观因素、尾矿库周边环境等因素，识别可能引起尾矿库尾矿坝溃坝、坝坡深层滑动、洪水漫顶、排洪设施损毁、排洪系统堵塞、下游人员伤亡、重要设施损毁等主要安全风险。

7.2 对尾矿库存在主要风险进行分析，并提出控制风险的对策措施。

【条文说明】

尾矿库内贮存的尾矿和水具有高势能特征，是尾矿库的固有安全风险，正常情况下高势能的水砂混合体受尾矿坝约束处于可控制状态，但地震、暴雨等不良因素的出现会影响这种可控的稳定状态，导致溃坝、坝体滑坡、坝体渗流破坏、漫顶、防排洪设施损毁等事件发生，使得处于可控制状态的尾矿和水的势能突然释放，造成重大人员伤亡和财产损失。

尾矿库主要安全风险既是尾矿库安全设施设计重点关注的内容，

也是尾矿库建设、运行及安全检查重点关注的内容。在安全预评价工作中，要求针对尾矿库建设项目特点，分单元辨识项目建设中的危险、有害因素，分析可能发生的事故类型，并预测事故后果严重等级，因此在具体进行尾矿库主要风险分析时，应结合安全预评价报告内容，做出针对性的说明。安全设施设计中要根据尾矿库客观条件识别出存在的主要安全风险，加以分析，并有针对性地提出降低风险的对策措施，对策措施既包括工程措施也包括技术管理措施。

审查重点包括主要安全风险识别是否有遗漏，对策措施是否有效。

8 安全设施设计

8.1 尾矿坝

8.1.1 尾矿坝设计内容的编写应满足下列要求：

——说明尾矿库共有几座尾矿坝，分别为主坝、1号副坝、2号副坝等；

——根据尾矿库等别、尾矿库库长、库底平均纵坡及地震烈度等条件分析筑坝方式合理性；

——当尾矿库包括多座尾矿坝时，各尾矿坝需依次说明；

——当尾矿坝或子坝的筑坝方法采用GB 39496规定以外的新工艺、新技术时，应充分了解、掌握其安全技术特性。说明坝的型式、结构参数、坝基处理、筑坝材料、筑坝要求及其他安全防护措施的控制要求。根据筑坝工艺开展相应的科研工作，确定其安全性分析的计算参数，并进行稳定性分析和其他有关安全性分析；

——具体编写应根据筑坝的技术特点，参照本节要求编写。

【条文说明】

安全设施设计需要对要建设尾矿坝的数量加以说明，并对每座尾矿坝命名。尾矿坝根据建设的位置不同，一般分为主坝和副坝，副坝根据建设顺序称作 1 号副坝、2 号副坝等。

每种筑坝方式使用的条件是不同的，安全设施设计需要根据尾矿库等别、尾矿库库长、库底平均纵坡及地震烈度等条件，按现行的法规、规章、规范性文件及标准的相关要求对筑坝方式合理性进行分析。

当尾矿库包括多座尾矿坝时，每座尾矿坝是相对独立的，其筑坝方式、构筑物级别及地质条件等都不相同，安全设施设计需根据各尾矿坝的级别、筑坝方式按同等要求依次说明设计情况。

从目前国内外尾矿库情况来看，《尾矿库安全规程》（GB 39496）中规定的尾矿坝型式包括子坝筑坝方法，能够涵盖 99% 以上的尾矿坝，但随着科学技术的进步，有可能出现新的筑坝方式方法，因此有必要加以规定。当采用新型筑坝工艺和技术时，必须充分了解掌握其技术特点，尤其是在安全性方面进行充分研究论证。

《尾矿库安全规程》（GB 39496）关于筑坝方式有以下规定：

上游式尾矿库有足够的初、终期库长；上游式尾矿库库底平均纵坡不得陡于 20% 。

湿式尾矿库尾矿堆积坝筑坝应满足下列要求：地震设计烈度为Ⅸ度时，上游式尾矿筑坝尾矿堆积高度不得高于 30 m；上游式尾矿筑坝的尾矿浆重量浓度超过 35% 时，应进行尾矿堆坝试验研究；上游式尾矿筑坝的全尾矿 $d<0.074$ mm 颗粒含量大于 85% 或 $d<0.005$ mm 颗粒含量大于 15% 时，应进行尾矿堆坝试验研究；中线式或下游式尾矿筑坝，分级后用于筑坝尾砂的 $d\geqslant0.074$ mm 颗粒含量少于 75% ，$d\leqslant0.02$ mm 颗粒含量大于 10% 时，应进行尾矿堆坝试验研究；筑坝上升速度应满足沉积滩面上升速度的要求。

干式尾矿库年降雨量均值超过 800 mm 或年最大 24 h 雨量均值超

过 65 mm 的地区，不应采用库尾式、库中式尾矿排矿筑坝法。

审查重点为尾矿坝命名是否准确，筑坝方式选择是否合理，特殊情况下选择的筑坝方式是否有试验数据支撑。

8.1.2 初期坝设计内容的编写应满足下列要求：

——说明初期坝（或干式堆存尾矿库的拦挡坝、一次性筑坝的一期坝）型式、结构参数、坝基处理、筑坝材料及筑坝要求等；

——给出筑坝材料来源，对于筑坝料场设置在尾矿库区的，应分析料场开采对尾矿库的安全影响。

【条文说明】

初期坝的坝体型式包括均质土坝、土石混合坝、堆石坝、浆砌石坝和混凝土重力坝等，本条款要求对初期坝（或干式堆存尾矿库的拦砂坝、一次建坝的一期坝）型式的选择进行综合描述。

初期坝的主要结构参数包括：坝顶标高，坝顶宽度，内、外坡的坡度，坝坡护坡的厚度，护坡的材料情况等。本条款要求在安全设施设计中给出初期坝的主要结构参数。

在安全设施设计中应对坝基处理提出详细要求，给出清基的地层和范围，对于有特殊性岩土坝基的处理，尚应符合国家现行有关标准和规范的规定。

在安全设施设计的编制中应根据不同的设计坝型给出主要的控制指标（其中，土坝的主要控制指标为压实干容重和压实度；堆石坝的主要控制指标为孔隙率、干容重、石料的饱和抗压强度、石料的软化系数等；重力坝的主要控制指标为强度）。

在安全设施设计编制中可分节对初期坝的型式和筑坝要求进行描述。对设置有棱体、排渗体或反滤体的初期坝，应对其结构型式和参数进行详细描述。另外，对坝肩及坝坡排水沟的型式和结构参数也应进行详细描述。

对于筑坝料场设置在尾矿库库区的，安全设施设计应分析料场开采对尾矿库的安全影响。主要包括三种情况，第一种情况是新建尾矿库工程，筑坝料场仅在尾矿库基建期使用，尾矿库投入运行前料场已经全部开采完毕，这种情况需要重点分析料场开采后对尾矿坝和排洪设施的影响；第二种情况是新建尾矿库工程，筑坝料场既在尾矿库基建期使用，尾矿库投入运行前部分开采完毕，在尾矿库后期运行过程中，仍需要继续开采，这种情况需要重点分析料场开采后对尾矿坝和排洪设施的影响，还要分析料场开采过程中对尾矿坝和排洪设施的影响；第三种情况是改扩建尾矿库项目，这种情况需要重点分析料场开采过程中和开采后对尾矿坝和排洪设施的影响。分析料场开采对尾矿坝和排洪设施安全影响后还应提出相应的措施。

《尾矿库安全规程》（GB 39496）规定：

初期坝坝型应根据尾矿堆存方式、尾矿坝筑坝方式、地震设计烈度等因素综合确定。地震设计烈度为Ⅷ、Ⅸ度时，初期坝应选用抗震性能和渗透稳定性较好且级配良好的土石料筑坝，上游式尾矿筑坝法的初期坝采用不透水坝型时，应采取可靠的坝体排渗方式。

初期坝坝高的确定应符合下列要求：能贮存选矿厂投产后6个月以上的尾矿量；使尾矿水得以澄清；当初期放矿沉积滩顶与初期坝顶齐平时，应满足相应等别尾矿库防洪要求；在冰冻地区应满足冬季放矿的要求；满足后期堆积坝上升速度的要求；上游式尾矿坝的初期坝坝高与总坝高之比值应不小于1/8。

遇有下列情况时，尾矿坝坝基应进行专门研究处理：易产生渗漏破坏的砂砾石地基；易液化土、软黏土、冰渍层、永冻层和湿陷性黄土地基；岩溶发育地基；涌泉及矿山井巷、采空区等。

审查重点是初期坝的坝型、坝顶宽度、坝高、坝坡、筑坝控制指标等是否选择合理，坝基处理是否得当，坝体设计是否满足构造要求；料场开采安全影响分析内容是否全面，提出的措施是否有效。

8.1.3 堆积坝设计内容的编写应满足下列要求：

——说明后期筑坝所采用的筑坝方式、筑坝设备、材料、堆筑要求及坝面维护设施（堆积坝护坡、坝面排水沟、坝肩截水沟、马道、踏步）等；

【条文说明】

后期筑坝方式包括尾矿筑坝和其他材料筑坝。坝体的型式包括上游式、中线式、下游式。安全设施设计应对后期筑坝所采用的筑坝方式、筑坝设备、材料、堆筑要求及坝面维护设施详细说明。

《尾矿库安全规程》（GB 39496）规定：

尾矿坝最终下游坡面应设置维护设施，维护设施应满足下列要求：设置马道，相邻两级马道的高差不得大于 15 m，马道宽度不应小于 1.5 m，有行车要求时，宽度不应小于 5 m；采用石料、土石料或土料等进行护坡，采用土石料或土料护坡的应在坡面植草或灌木类植物；设置排水系统，下游坡与两岸山坡结合处应设置坝肩截水沟；尾矿堆积坝的每级马道内侧或上游式尾矿筑坝的每级子坝下游坡脚处均应设置纵向排水沟，并应在坡面上设置人字沟或竖向排水沟；设置踏步，沿坝轴线方向踏步间距应不大于 500 m。

审查重点是筑坝方式、筑坝设备、材料、堆筑要求的说明是否全面，坝面维护设施是否合理。

——对于上游式尾矿筑坝法，应说明排放方式，尾矿堆积坝堆筑型式、上升速度及平均堆积外坡比，子坝堆筑型式、材料、结构参数及地基处理等；

【条文说明】

对于上游式尾矿筑坝，排放方式，尾矿堆积坝上升速度及平均堆积外坡比，子坝堆筑型式、材料、结构参数及地基处理与尾矿坝的安全密切相关，因此需对这些内容进行详细论述。

湿式尾矿库尾矿排放方式包括库前排放、库周排放、库尾排放，安全设施设计需要对尾矿排放方式进行详细说明论证，特别是排放方式中包括库周排放和库尾排放时。

上游式尾矿筑坝可采用冲积法、池填法、渠槽法和尾矿分级筑坝，安全设施设计中应对后期坝筑坝方法的选择、筑坝方法等进行说明。

上游式尾矿筑坝法子坝堆筑可以采用尾矿堆筑也可采用其他材料，结构参数包括每级子坝的高度、坝顶宽度，内、外坡的坡度等。

《尾矿库安全规程》（GB 39496）规定：尾矿堆积坝平均堆积外坡比不得陡于1∶3。

审查重点是尾矿堆积坝的平均坡比是否过陡，根据尾矿的粒度和浓度情况判断选择的子坝堆筑型式是否合适，堆积坝的上升速度是否过快，尾矿能否充分固结。

——对于中线式、下游式尾矿筑坝法，应说明排放方式、尾矿堆积坝上升速度、各期的坝顶标高、临时边坡堆积坡比及最终下游坡面平均堆积外坡比，砂量平衡计算及筑坝尾砂质量要求；

【条文说明】

对于中线式、下游式建设的尾矿坝，为满足尾矿的堆存需要，后期坝坝体要始终高于库内尾矿的沉积滩面并留有一定的调洪库容，因此，后期坝的建设时期，尾矿量的平衡计算对尾矿坝的安全至关重要，需要详细论述。

《尾矿库安全规程》（GB 39496）规定：中线式或下游式尾矿筑坝上升速度应满足沉积滩面上升速度的要求。中线式或下游式尾矿筑坝的坝体结构应符合下列规定：应设置初期坝和滤水拦砂坝，在初期坝与拦砂坝之间的坝基范围内应设排渗设施；尾矿坝坝顶宽度应满足分级设备和管道安装及交通的需要。

《尾矿设施设计规范》（GB 50863）规定：中线式及下游式尾矿坝对尾矿库全部运行期内的粗尾矿堆坝量与库内堆存量应按高度进行平衡计算，坝顶上升速度应满足库内沉积滩面的上升速度和防洪安全的需要，并应由此确定各阶段需要的粗砂产率。尾矿坝坝顶宽度应满足分级设备和管道安装及交通的需要，不宜小于 20 m。中线式及下游式尾矿坝最终下游坝坡应设置维护平台和排水设施，维护平台的宽度不宜小于 3 m。

审查重点是砂量平衡计算是否满足尾矿堆存的要求，坝顶宽度、各期坝高、坝坡、筑坝控制指标等是否选择合理；坝基处理是否得当。

——对于采用一次筑坝分期建设的，应说明后期坝各期的建设时期、结构参数、筑坝材料、坝基处理及筑坝要求等；对于筑坝料场设置在尾矿库区的，应分析料场开采对尾矿库的安全影响，利用废石建设后期坝的应给出废石量的平衡计算；

【条文说明】

对于采用一次筑坝分期建设的，后期坝各期的建设时期、结构参数、筑坝材料、坝基处理及筑坝要求与尾矿坝的安全密切相关，因此需对这些内容进行详细论述。

后期坝筑坝材料料场设置在库区，在料场开采过程中及开采后可能会对尾矿库的安全产生影响，安全设施设计中应对料场开采对尾矿库安全影响进行详细分析，保证尾矿库的安全。

利用废石建设后期坝时，采矿场废石开采时间和开采量是否满足筑坝要求，对尾矿库的安全至关重要，安全设施设计中应根据每期尾矿坝需要的废石量，结合采矿场的开采计划进行废石量的平衡计算并详细说明。

审查重点是建设时期是否满足尾矿堆存的需求，后期坝的坝顶宽度、坝高、坝坡、筑坝控制指标等是否选择合理，坝基处理是否得当，坝体设计是否满足构造要求。料场开采安全影响分析内容是否全面，提出的措施是否有效。利用废石建设后期坝的，采矿场开采出的废石能否满足筑坝需要。

——干式堆存的尾矿，应说明干式尾矿的排矿筑坝方式，干式尾矿的平整和压实要求，入库尾矿的含水率、分层厚度、影响坝体稳定区域、压实指标，尾矿堆积坝临时边坡的堆积坡比、台阶高度、台阶宽度，坝体顶面坡向及坡度等内容，并说明特殊情况下尾矿排矿筑坝的要求；

【条文说明】

干式堆存的尾矿，排矿筑坝方式不同，尾矿排放方式的不同，尾矿库安全管理的重点也不同，应重点论述干式尾矿的排放和堆坝方式；同时干式尾矿的平整和压实要求是保证干式尾矿坝稳定的基础。安全设施设计应针对降雨、降雪和冰冻等不良气象条件给出尾矿排矿筑坝的要求。

《尾矿库安全规程》（GB 39496）规定：干式尾矿库的设计应符合下列要求：堆存尾矿含水率应满足尾矿排矿和筑坝要求；无黏性、少黏性尾矿含水率不应大于 22%，黏性尾矿含水率不应大于塑限；应针对不良气候条件对作业过程的安全影响采取可靠防范措施；正常运行条件下，库内不应存水。

干式尾矿库的尾矿排矿筑坝应符合下列要求：尾矿排矿筑坝应边堆放边碾压，堆积坝顶面坡度应满足排水的要求，并不得出现反坡；当堆积坝顶面倾向堆积坝外边坡或库周截洪沟时，堆积坝顶面坡度不应大于 2%；尾矿排矿筑坝期间应设置台阶，分层碾压排放作业的台阶高度不应超过 10 m，台阶宽度不应小于 1.5 m，有行车要求时不应小于 5 m；推进碾压排放作业的台阶高度不应超过 5 m，台阶宽度不应小于5 m；运行期间台阶的坡比应满足稳定要求；无黏性、少黏性尾矿分层厚度不得超过0.8 m，黏性尾矿分层厚度不得超过0.5 m；尾矿排矿筑坝过程中，应分阶段尽早形成永久边坡，影响堆积坝最终外边坡稳定的区域应采用分层碾压排放作业，压实度不应小于0.92。

审查重点是根据不同的尾矿排放和筑坝方式，尾矿排放和筑坝的要求是否合理；尾矿平整和压实要求是否合理；影响坝体稳定区域划分是否合理；特殊情况下尾矿排矿筑坝的要求是否满足要求。

——对于高寒地区尾矿筑坝应说明冬季放矿的要求。

【条文说明】

高寒地区的尾矿筑坝，冬季在滩面放矿易形成永冻层，对坝体的稳定性不利，易造成安全隐患，应提出冬季筑坝和放矿的要求和措施。

审查重点是高寒地区的尾矿库是否有冬季放矿的措施，如采用冬季冰下放矿，尾矿坝的滩顶高程能否满足相应要求。

8.1.4　拦砂坝设计应说明拦砂坝的型式、结构参数、坝基处理、筑坝材料及筑坝要求。

【条文说明】

安全设施设计应对拦砂坝的型式、结构参数、坝基处理、筑坝材料及筑坝要求进行详细说明。

审查重点拦砂坝的型式、结构是否能够满足拦砂的需要。

8.1.5　稳定性分析的编写应满足下列要求：

——尾矿坝的稳定性分析应根据尾矿库在运行期的等别情况，在各等别情况下选取典型运行期分别计算分析；

【条文说明】

除一次建成的尾矿坝，通常尾矿坝是一个不断升高的坝体，其建设是一个长期的过程，在整个坝体上升的过程中，由于尾矿库内水位的变化、库的等别的变化等，尾矿坝的稳定性也存在不确定性，因此需要根据尾矿库在运行期的等别情况，选取典型运行期分别计算分析。

同时，各典型运行期应综合考虑尾矿坝坝基条件、坝长和不同坝段控制浸润线的差异，选取尾矿坝最不利剖面和典型剖面分别进行稳定性计算。

审查重点是尾矿坝是否在各等别期都进行了稳定计算，各等别期的典型运行期选择是否合理。

——简述计算断面概化的依据，各运行期各种荷载的组合，选取的各土层的物理力学指标；

【条文说明】

除采用一次建坝建设的尾矿坝，通常尾矿坝是利用尾矿自然沉积而形成的坝，坝体材料错综复杂，必须对尾矿坝计算断面进行概化，并确定各土层的物理力学指标。同时需保证尾矿坝在各种运行条件下都能稳定，各种运行条件下的荷载组合也不同。

《尾矿库安全规程》（GB 39496）规定：尾矿坝稳定计算的荷载应根据不同运行条件按表 8 进行组合。尾矿坝稳定计算断面应根据尾矿的颗粒粗细程度和固结度进行概化分区，概化分区的尾矿定名应按附录 B 确定。新建尾矿库的尾矿坝计算断面概化分区及各区尾矿的物理力学性质指标应参考类似尾矿坝的勘察资料综合确定；扩建、改建尾矿库的尾矿坝计算断面概化分区及各区尾矿的物理力学性质指标应根据勘察资料确定。

尾矿库采用土工材料防渗时，尾矿坝的计算断面概化分区应能反映土工材料防渗层对坝体稳定产生的不利影响。

审查重点是尾矿坝的计算断面概化是否合理，选取的物理力学指标是否合理，各运行条件下的荷载组合是否正确。

——简述渗流计算公式及分析方法，对于1级和2级尾矿坝还应做专项三维数值模拟计算或物理模型试验，根据计算结果确定坝体浸润线的埋深是否满足渗流稳定和最小埋深等要求；

【条文说明】

尾矿坝的渗流计算既是判断尾矿坝是否满足渗流稳定及浸润线最小埋深的要求，又是尾矿坝稳定计算的基础，因此尾矿坝的渗流分析对尾矿坝的安全至关重要。同时由于1级和2级尾矿坝一旦失事就会造成十分严重的后果，因此对此类尾矿坝还应进行专项三维数值模拟计算或物理模型试验。

《尾矿库安全规程》（GB 39496）规定：尾矿坝应进行渗流计算，渗流计算应分析放矿、雨水等因素对尾矿坝浸润线的影响；湿式尾矿库1、2级尾矿坝的渗流应按三维数值模拟计算或物理模型试验确定。尾矿堆积坝下游坡浸润线的最小埋深除满足坝坡抗滑稳定的条件外，尚应满足表6的要求。尾矿坝应满足渗流控制的要求，尾矿坝的渗流控制措施应确保浸润线低于控制浸润线。

审查重点是尾矿坝渗流计算的方式是否合理，1级和2级尾矿坝是否进行了专项三维数值模拟计算或物理模型试验。尾矿坝的计算浸润线是否满足常规规律，尾矿坝能否满足渗流稳定及控制浸润线的埋深要求。

——进行尾矿坝抗滑稳定计算，给出典型计算剖面的稳定计算简图，列出尾矿坝在各运行期各种计算工况下的安全系数及与规范要求的符合性。对于尾矿库采用土工合成材料防渗的，抗滑稳定计算中应考虑土工合成材料对坝体稳定的影响；

【条文说明】

尾矿坝抗滑稳定计算方法应采用简化毕肖普法或瑞典圆弧法；给出尾矿坝稳定计算的结果，稳定计算的结果可列表给出，应包括以下参数：计算剖面、采用的计算方法、规范要求的最小安全系数、计算的最小安全系数、是否满足规范要求等，并给出典型计算剖面的稳定计算简图。当尾矿库采用土工防渗材料防渗时，坝体稳定区域的土工材料会对坝体安全产生影响，在抗滑稳定计算中应考虑土工防渗材料对坝体稳定的影响。

《尾矿库安全规程》（GB 39496）规定：尾矿库初期坝与堆积坝的抗滑稳定性应根据坝体材料及坝基的物理力学性质经计算确定，计算方法应采用简化毕肖普法或瑞典圆弧法，地震荷载应按拟静力法计算。尾矿库挡水坝应根据相关规范进行稳定计算。尾矿坝应满足静力、动力稳定要求，尾矿坝应进行稳定性计算，坝坡抗滑稳定的安全系数不应小于表7规定的数值，位于地震区的尾矿库，尾矿坝应采取可靠的抗震措施。

审查重点是计算出的尾矿坝抗滑稳定滑动面是否满足常规规律，各运行期各运行条件下尾矿坝的抗滑稳定是否满足规范规定的坝坡抗滑稳定最小安全系数要求。抗滑稳定计算中是否考虑土工防渗材料对坝体稳定的影响。

——对于副坝应根据副坝的坝型进行相应的副坝稳定性计算；

——根据尾矿坝的级别及尾矿库所在地区的地震烈度，按有关规定要求进行尾矿坝的动力抗震计算；

【条文说明】

位于地震区的尾矿坝，还应进行尾矿坝（副坝）的动力抗震计算，确保尾矿坝（副坝）在地震情况下的安全。

《尾矿库安全规程》（GB 39496）规定：地震荷载应按拟静力法计算。尾矿库挡水坝应根据相关规范进行稳定计算。尾矿坝动力抗震计算应按下列要求进行：对于1级及2级尾矿坝的抗震稳定分析，除应按拟静力法计算外，还应进行专门的动力抗震计算，动力抗震计算应包括地震液化分析、地震稳定性分析和地震永久变形分析；位于地震设计烈度为Ⅶ度地区的3级尾矿坝和设计烈度为Ⅶ度及Ⅶ度以上地区的4级和5级尾矿坝，地震液化分析可采用简化计算分析法；3级尾矿坝地震液化分析结果不利时，还应进行动力抗震计算；位于地震设计烈度为Ⅸ度地区的各级尾矿坝或位于Ⅷ度地区的3级及3级以上的尾矿坝，抗震稳定分析除应采用拟静力法外，还应采用时程法进行分析。

《尾矿设施设计规范》（GB 50863）规定：3级及3级以下的尾矿坝可采用现行国家标准《中国地震动参数区划图》（GB 18306）中的地震基本烈度作为地震设计烈度，当尾矿坝溃决产生严重次生灾害时，尾矿坝的地震设防标准应提高一档。1级和2级尾矿坝的地震设计烈度应按批准的场地危险性分析结果确定。地震荷载应按现行行业标准《水工建筑物抗震设计规范》（SL 203）的有关规定进行计算。

审查重点是对于地震区的尾矿坝是否按要求进行了相应的抗震计算，抗震结果是否满足稳定要求。

——根据计算结果说明尾矿坝（副坝）的安全性，并给出尾矿坝坝体设计控制浸润线。

【条文说明】

安全设施设计需根据前面的计算结果对所有尾矿坝的安全性进行说明，并根据尾矿坝的稳定计算结果，给出尾矿坝坝体设计控制浸润线，以指导企业对尾矿坝的日常管理。

《尾矿库安全规程》（GB 39496）规定：尾矿库设计文件应明确

尾矿坝各运行期、各剖面的控制浸润线埋深。加高扩容的尾矿库改建、扩建项目应设置可靠的排渗设施，尾矿堆积坝的控制浸润线埋深应不小于通过计算确定的控制浸润线的1.2倍。

审查重点是给出的设计控制浸润线是否合理，能否满足指导企业生产的需要。

8.1.6 总结概述本节专用安全设施内容。

【条文说明】

根据《金属非金属矿山建设项目安全设施目录（试行）》（国家安全生产监督管理总局令第75号）的相关规定对尾矿坝的专用安全设施进行简单列举说明。

在尾矿库建设项目中专用安全设施不具有生产功能，即使尾矿库不设相应的专用安全设施，在不考虑安全的情况下仍能进行生产，因此为了引起生产经营单位的重视，安全设施设计中需要重点强调专用安全设施。

8.2 防排洪

8.2.1 防排洪设计中应说明尾矿库的防洪标准。防洪标准应根据各使用期的等别、库容、坝高、使用年限及对下游可能造成的危害程度等因素，按相关规范进行选取。

【条文说明】

从目前尾矿库事故后的影响来分析，洪水漫顶导致的尾矿坝溃坝造成的影响最大，尾矿库的防洪标准又是尾矿库防排洪设计的基础，因此应根据规范要求选择防洪标准。同时，通常尾矿库在运行过程中，其形态不断变化，后期调洪库容大于前期调洪库容的情况下，为合理利用尾矿库排洪设施，尾矿库防洪标准应根据各使用期的等别等因素综合确定。

《尾矿库安全规程》（GB 39496）规定：

尾矿库的防洪标准应符合下列规定：尾矿库各使用期的防洪标准应根据使用期库的等别、库容、坝高、使用年限及对下游可能造成的危害程度等因素，按表 9 确定；当确定的尾矿库等别的库容或坝高偏于该等上限，尾矿库使用年限较长或失事后对下游会造成严重危害者，防洪标准应取上限或提高等别；采用露天废弃采坑及凹地贮存尾矿的尾矿库，周边未建尾矿坝时，防洪标准应采用 100 年一遇洪水；建尾矿坝时，应根据坝高及其对应的库容确定库的等别及防洪标准。

加高扩容的尾矿库改建、扩建项目除一等库外，防洪标准应在按 5. 4. 1 确定的防洪标准基础上提高一个等别。

审查重点是尾矿库各使用期的等别确定是否合理，各使用期的防洪标准选择是否合理，特别注意根据尾矿库的周边情况，尾矿库的防洪标准是否要取上限甚至提高等别。加高扩容的尾矿库改建、扩建项目是否提高等别。

8. 2. 2　洪水计算应说明所采用的基础资料、计算方法、计算公式、水文参数的选取，对于三等及以上尾矿库宜取两种以上计算方法进行洪水计算，并对计算结果进行分析。

【条文说明】

尾矿库洪水计算是尾矿库防洪设计的重要内容之一，要求说明尾矿库洪水计算所采用的基础资料、计算方法、计算公式、水文参数、计算结果等，对于三等及三等以上尾矿库宜取两种以上方法计算，原则上以各省水文图册推荐的计算公式为准或选取大值。水文参数根据计算方法可列表给出，常见的水文参数包括汇水面积、流域平均坡度、当地 24 小时平均降雨量等。计算结果应列表分别给出不同频率的洪峰流量、洪水总量、洪水过程线，当采用不同计算方法计算时，应对计算结果的选取进行分析。

《尾矿库安全规程》（GB 39496）规定：

尾矿库洪水计算应根据各省水文图集或有关部门建议的特小汇水面积的计算方法进行计算。当采用全国通用的公式时，应采用当地的水文参数。设计洪水的降雨历时应采用 24 h。

《尾矿设施设计规范》（GB 50863）规定：

尾矿库洪水计算应符合下列要求：①对于三等及三等以上尾矿库宜取两种以上方法计算，宜以各省水文图册推荐的计算公式为准或选取大值；②库内水面面积不超过流域面积的 10% 时，可按全面积陆面汇流计算；库内水面面积超过流域面积的 10% 时，水面和陆面面积的汇流应分别计算。

审查重点是计算结果包含的内容是否齐全，计算方法的选择是否合理，特别是对于库内水面面积超过流域面积的 10% 的尾矿库，是否按水面和陆面面积的汇流分别计算。

8.2.3 防排洪设施设计内容的编写应满足下列要求：

——根据地形、工程地质条件及尾矿库筑坝方式、结构计算和调洪计算结果，选择防排洪方式，确定尾矿库防排洪系统的布置、防排洪构筑物的断面型式、主要结构尺寸及配筋。对于采用截洪沟排洪的，应说明截洪沟排洪的可靠性；

【条文说明】

要求对排洪系统的布置、排洪构筑物的断面型式、排洪系统的排水能力及设计要求进行详细论述。尾矿库常见的排洪构筑物有排水井、排水斜槽、排水管、隧洞、溢洪道、截洪沟等。

排水井型式包括框架式和窗口式，设计有多个排水井时，安全设施设计中可列表给出各排水井的进水口标高、排水井高、直径、壁厚及强度要求等主要设计参数。

排水斜槽根据盖板的型式有拱形盖板斜槽和平盖板斜槽。安全设施设计中可列表给出各段斜槽的型式、进水口标高、断面尺寸、长度、壁厚及强度要求等主要设计参数。

排水管根据断面形状区分常见的型式有圆形、矩形和圆拱直墙型式，安全设施设计中可列表给出各段排水管的型式、断面尺寸、长度、壁厚、坡度、强度要求及排水管出口标高等主要设计参数。

排洪隧洞断面常采用圆拱直墙型式，根据衬砌型式可分为有衬砌、无衬砌、局部衬砌，安全设施设计应对衬砌型式进行说明。安全设施设计中可列表给出各段隧洞的衬砌型式及强度要求、断面尺寸、长度、衬砌厚度、坡度、排洪隧洞出口标高等主要设计参数。

溢洪道常采用的型式有钢筋混凝土溢洪道、浆砌块石溢洪道，安全设施设计中可列表给出溢洪道的溢流堰堰顶标高、断面尺寸等主要设计参数。

截洪沟常采用的型式有钢筋混凝土和浆砌块石截洪沟，安全设施设计中应说明截洪沟采用的型式、断面尺寸等主要设计参数。

《尾矿库安全规程》（GB 39496）规定：尾矿库应设置排洪设施，排洪设施的排洪能力不应包括机械排洪的排洪能力。除库尾排矿的干式尾矿库外，三等及三等以上尾矿库不得采用截洪沟排洪。中线式或下游式尾矿筑坝的尾矿库，堆坝区的洪水如无法通过拦砂坝渗出坝外，应在拦砂坝前设置排洪设施。

库尾式、库中式尾矿排矿筑坝的尾矿库的排洪设计应符合下列要求：在设计最终状态时的尾矿库外围应设永久截排洪系统；当设计尾矿堆积坝坝高超过 60 m，应设置中间截洪沟；尾矿堆积坝外坡面下游应设置拦砂坝，所形成库容应满足储存一次洪水冲刷挟带的泥砂量；拦砂坝前应设置排水设施，排水入口应高于泥沙淤积标高 0.5 m 以上，并应及时清理坝前淤积尾矿；尾矿库运行过程中，应在尾矿堆积区设临时排水沟，将洪水排至尾矿库下游，洪水不得在尾矿堆积坝外坡面无序排放。

尾矿库排洪构筑物型式及尺寸应根据水力计算和调洪计算确定，并应满足设计流态、日常巡检维修和防洪安全要求。对特别复杂的排洪系统，应进行水工模型或模拟试验验证。

除隧洞外的地下排洪构筑物应采用钢筋混凝土结构，其基础应置于有足够承载力的地基上。对于承载力不足的地基，应采取符合基础承载力要求的工程措施。

《尾矿设施设计规范》（GB 50863）规定：

尾矿库的排洪方式及布置应根据地形、地质条件、洪水总量、调洪能力、尾矿性质、回水方式及水质要求、操作条件与使用年限等因素，经技术经济比较确定，并应符合下列要求：①上游式尾矿库宜采用排水井（或斜槽）–排水管（或隧洞）排洪系统。②一次建坝的尾矿库在地形条件许可时，可采用溢洪道排洪，同时宜以排水井（或斜槽）控制库内运行水位。③当上游汇水面积较大，库内调洪难以满足要求时，可采用上游设拦洪坝截洪和库内另设排洪系统的联合排洪系统。拦洪坝以上的库外排洪系统不宜与库内排洪系统合并；当与库内排洪系统合并时，应进行论证，合并后的排水管（或隧洞）宜采用无压流控制。采用压力流控制时，应进行可靠性技术论证，必要时应通过水工模型试验确定。④除库尾排矿的干式尾矿库外，三等及三等以上尾矿库不得采用截洪沟排洪。⑤当尾矿库周边地形、地质条件适合时，四等及五等尾矿库经论证可设截洪沟截洪分流。

排洪构筑物的设计最大流速不应大于构筑物材料的容许流速。进水构筑物的型式应根据排水量大小、尾矿库的地形条件和是否兼作回水设施等因素确定。当排水量较大时，宜采用框架式排水井；排水量较小时，宜采用窗口式排水井或斜槽；排水井内径不宜小于1.5 m。

审查重点是尾矿库的排洪方式选择和排洪构筑物的布置是否合理，排洪系统的排水能力计算是否正确，排洪构筑物是否满足构造要求，抗冲能力是否满足要求等。

——计算排洪系统各运行期的排水能力，对于进行水工模型或模拟试验的，应给出水工模型或模拟试验的结果，并说明设计采用的排水能力值；

【条文说明】

要求通过水力计算给出排洪系统各运行期设计采用的排水能力值。对于进行水工模型或模拟试验的，需对比分析水力计算结果和水工模型或模拟试验的结果，并给出各运行期设计采用的排水能力值。排洪能力值宜采用泄洪曲线和列表的方式给出，其最大泄洪量值应能够满足调洪演算的需要。

审查重点是排洪系统的排水能力计算是否正确，对特别复杂的排洪系统，是否进行了水工模型或模拟试验。

——概述排洪构筑物的结构计算，主要包括运行条件、荷载组合、计算方法及计算结果；说明排洪构筑物的基础处理要求；对于尾矿、尾矿水、尾矿库岩土体、尾矿库地下水对排洪构筑物有腐蚀作用的，应说明排洪构筑物采取的防腐措施；对于寒冷地区尾矿库，应说明构筑物抗冻采取的安全措施；

【条文说明】

对排水井、排水斜槽、排水管、隧洞等排洪构筑物结构计算进行概述说明，包括各工况荷载、计算方法及计算结果等。

《尾矿库安全规程》（GB 39496）规定：尾矿库排洪构筑物应进行结构计算，结构计算应满足相应水工建筑物设计规范要求，排水井还应满足《高耸结构设计标准》（GB 50135）的相关要求；尾矿、尾矿水、尾矿库岩土体、尾矿库地下水对排洪构筑物有腐蚀作用的，应对排洪构筑物采取防腐措施。

排洪构筑物的基础应避免设置在工程地质条件不良或填方地段。无法避开时，应进行地基处理设计。排洪构筑物不得直接坐落在尾矿沉积滩上。

除隧洞外的地下排洪构筑物应采用钢筋混凝土结构，其基础应置于有足够承载力的地基上。对于承载力不足的地基，应采取符合基础承载力要求的工程措施。

审查重点是排洪构筑物结构计算各运行条件下的荷载组合是否正确；混凝土强度等级、结构尺寸、配筋是否合理；地基处理是否合理，穿越含水断层时是否采取相应的处理措施；防腐措施是否能够满足要求；寒冷地区抗冻安全措施是否合理。

——对于需要封堵的排洪构筑物，应说明封堵体的设计、封堵质量要求及封堵时期；

【条文说明】

排洪设施采用井、斜槽作为进水构筑物时，进水构筑物通常是分期设置的，当每期进水构筑物使用完后要及时封堵，安全设施设计中要对封堵体的设计、封堵质量要求及封堵时期进行说明。封堵体设计时要根据尾矿库使用终了时状态进行荷载选择。

《尾矿库安全规程》（GB 39496）规定：排洪设施在终止使用时应及时进行封堵，封堵后应同时保证封堵段下游的永久性结构安全和封堵段上游尾矿堆积坝渗透稳定安全及相邻排水构筑物安全。排水井的封堵体不得设置在井顶、井身段。

审查重点包括封堵体的位置、封堵时期是否合理，封堵体设计荷载选择是否正确，封堵质量要求是否明确。

——对于改扩建的尾矿库，还要对利旧部分进行质量检测，并校核改扩建后现有排洪设施以及现有封堵体的结构可靠性。

【条文说明】

尾矿库改扩建过程中，排洪设施的使用年限和外部荷载均发生了变化，安全设施设计前利旧部分需要通过质量检测，确定其可用性，并为后续校核结构可靠性提供依据。安全设施设计需要按改扩建后荷载对利旧部分（包括已完成的封堵体）结构可靠性进行校核。

《尾矿库安全规程》（GB 39496）规定：利旧的排洪构筑物应根据加高扩容要求核算其可靠性，终止使用的排洪构筑物应进行可靠封堵。

审查重点包括质量检测是否满足要求，结构可靠性复核内容是否有缺失。

8.2.4 调洪演算应在各等别情况下选取典型运行期，根据尾矿的粒度、放矿方式确定的沉积滩坡度计算出调洪库容，采用水量平衡法进行调洪演算，给出调洪计算结论，说明尾矿库防排洪的安全性。

【条文说明】

对尾矿库的调洪演算进行详细说明，给出尾矿库调洪演算的方法及结果，根据调洪演算结果得出结论。调洪演算结果可列表给出不同计算标高的等别、防洪标准、正常高水位（调洪演算初始水位）、最高洪水位、洪水升高值、最大下泄流量、安全超高、规范要求的安全超高等参数。

《尾矿库安全规程》（GB 39496）规定：尾矿库调洪演算应采用水量平衡法进行计算。尾矿库的一次洪水排出时间应小于72 h。

上游式尾矿堆积坝沉积滩顶与设计洪水位的高差应符合表3的最小安全超高值的规定。滩顶至设计洪水位水边线的距离应符合表3的最小干滩长度值的规定。

表3 上游式尾矿堆积坝的最小安全超高与最小干滩长度　单位为米

坝的级别	1	2	3	4	5
最小安全超高	1.5	1.0	0.7	0.5	0.4

表 3（续） 单位为米

最小干滩长度	150	100	70	50	40
3 级及 3 级以下的尾矿坝经渗流稳定分析安全时，表内最小干滩长度最多可减少 30%。 地震区的最小干滩长度尚应符合《构筑物抗震设计规范》（GB 50191）的有关规定。					

下游式和中线式尾矿坝坝顶外缘至设计洪水位时水边线的距离应符合表 4 的规定；坝顶与设计洪水位的高差应符合表 3 的最小安全超高值的规定。

表 4　下游式和中线式尾矿坝的最小干滩长度 单位为米

坝的级别	1	2	3	4	5
最小干滩长度	100	70	50	35	25
地震区的最小干滩长度尚应符合《构筑物抗震设计规范》（GB 50191）的有关规定。					

洪水运行条件下坝前存水的干式尾矿库尾矿堆积坝防洪宽度应符合表 5 的规定；坝外坡面顶标高与设计洪水位的高差应符合表 3 的最小安全超高值的规定。

表 5　干式尾矿库尾矿坝的最小防洪宽度 单位为米

坝的级别	1	2	3	4	5
最小防洪宽度	100	70	50	35	25

审查重点是尾矿库调洪演算选择的正常高水位、调洪库容计算、沉积滩坡度的确定是否合理，是否采用水量平衡法进行调洪演算，调洪演算的结果能否满足防洪安全的要求。

8.2.5　总结概述本节专用安全设施内容。

【条文说明】

根据《金属非金属矿山建设项目安全设施目录（试行）》（国家安全生产监督管理总局令第75号）的相关规定对尾矿库防排洪的专用安全设施进行简单列举说明。

8.3 地质灾害及雪崩防护设施

8.3.1 说明根据工程地质情况及所处地区情况设置尾矿库泥石流防护设施、库区滑坡治理设施、库区岩溶治理设施、高寒地区的雪崩防护设施，给出相应设施的布置、型式、结构参数、基础处理等要求。

【条文说明】

尾矿库周边地质灾害及雪崩的发生不但会造成尾矿库管理人员伤亡事故，还可能引起尾矿库的安全事故，如有些尾矿库事故是由于上游泥石流淤堵库内排水设施，造成尾矿库险情，甚至造成尾矿库溃坝，因此应根据尾矿库周边的地质灾害或雪崩情况，确定相应的防护设施，确保尾矿库的正常安全运行。

《尾矿库安全规程》（GB 39496）规定：尾矿库应采取防止泥石流、滑坡、树木杂物等影响泄洪能力的工程措施。

审查重点是对尾矿库周边影响尾矿库安全生产的地质灾害及雪崩是否分析全面，采取的防护措施是否合理、有效。

8.3.2 总结概述本节专用安全设施内容。

【条文说明】

根据《金属非金属矿山建设项目安全设施目录（试行）》（国家安全生产监督管理总局令第75号）的相关规定，尾矿库地质灾害与雪崩防护设施属于专用安全设施，主要包括以下内容：

（1）尾矿库泥石流防护设施。

（2）库区滑坡治理设施。

（3）库区岩溶治理设施。

（4）高寒地区的雪崩防护设施。

每个尾矿库根据需要，可能设置一项或多项防护措施，也可能不需要设置，安全设施设计报告中应设置单独的节对本尾矿库需设置的地质灾害及雪崩防护设施进行简单列举说明，如果相关专用设施比较多的，建议列表说明。

需要指出的是，如果尾矿库不需要设置地质灾害及雪崩防护设施，相关节也应该设置，仅需在相关的节下面明确："本尾矿库不需要设置地质灾害及雪崩防护设施。"即可。

8.4　安全监测设施

8.4.1　说明尾矿库安全监测设施的设置情况，应包含库区气象监测、地质灾害监测、库水位监测、干滩监测、坝体位移监测、坝体渗流监测及视频监控等。

8.4.2　说明尾矿坝位移监测、渗流监测的监测断面，给出各监测项目的监测点位及数量等。

8.4.3　说明尾矿库视频监控设施设置情况，视频监控部位应包含尾矿坝、干滩、排洪构筑物进出口、库水位等。

8.4.4　说明在线监测系统的设置情况。

【条文说明】

尾矿库安全监测设施是防止尾矿库发生重大安全事故，提前预警的重要安全生产设施，主要包含库区气象监测、地质灾害监测、库水位监测、干滩监测、坝体位移监测、坝体渗流监测及视频监控等内容，需对这部分内容进行重点叙述。

尾矿坝位移监测、渗流监测是尾矿安全监测的重点，需要对这部分内容详细说明。

各监测设施实施时间应结合尾矿库类型、筑坝方法确定，并在设计文件中加以明确。

在线监测系统除需要具备获取基础的监测数据功能外，还要设置监控中心，进行系统集成，并配备通信、供电等设施，安全设施设计需要对上述内容加以说明。

《尾矿库安全规程》（GB 39496）规定：尾矿库应设置人工安全监测和在线安全监测相结合的安全监测设施，人工安全监测与在线安全监测监测点应相同或接近，并应采用相同的基准值。监测设施横剖面应结合尾矿坝稳定计算断面布置，监测设施的布置还应满足下列原则：应全面反映尾矿库的运行状态；尾矿坝位移监测点的布置应根据稳定计算结果延伸到坝脚以外的一定范围；坝肩及基岩断层、坝内埋管处必要时应加设监测设施。

湿式尾矿库监测项目应包括坝体位移，浸润线，干滩长度及坡度，降水量，库水位，库区地质滑坡体位移及坝体、排洪系统进出口等重要部位的视频监控；干式尾矿库监测项目应包括坝体位移，最大坝体剖面的浸润线，降水量及坝体、排洪系统进出口等重要部位的视频监控；三等及三等以上湿式尾矿库必要时还应监测孔隙水压力、渗透水量及浑浊度。

审查重点是尾矿库是否设置了人工安全监测和在线安全监测相结合的安全监测设施；安全监测的内容是否齐全，安全监测设施的布置是否能够全面反映尾矿库的运行状态。

8.4.5　总结概述本节专用安全设施内容。

【条文说明】

根据《金属非金属矿山建设项目安全设施目录（试行）》（国家安全生产监督管理总局令第 75 号）的相关规定，尾矿库安全监测设施属于专用安全设施，主要包括以下内容：

（1）库区气象监测设施。

（2）地质灾害监测设施。

（3）库水位监测设施。

（4）干滩监测设施。

（5）坝体表面位移监测设施。

（6）坝体内部位移监测设施。

（7）坝体渗流监测设施。

（8）视频监控设施。

（9）在线监测中心。

安全设施设计报告中应设置单独的节对尾矿库安全监测设施进行简单列举说明，建议列表说明。

8.5 排渗设施

8.5.1 *说明尾矿库库底及尾矿坝坝体排渗设施的布置，排渗设施的型式及排渗设施的建设时期等。*

8.5.2 *结合渗流分析说明排渗设施的设计是否满足尾矿坝坝体控制浸润线的要求。*

【条文说明】

尾矿库排渗设施是有效降低尾矿坝浸润线，提高坝体稳定性的重要安全设施，根据尾矿库及尾矿坝的特点，确定尾矿库的排渗方式及排渗设施的建设时期，使尾矿坝的浸润线处于控制浸润线以下。

《尾矿库安全规程》（GB 39496）规定：尾矿坝应满足渗流控制的要求，尾矿坝的渗流控制措施应确保浸润线低于控制浸润线。

排渗设施建设时期需要根据排渗设施的型式、布置及尾矿坝上升速度等因素综合确定，可以在建设期实施，也可以在运行期实施，本节要明确。对于在运行期实施的排渗设施，要给出各排渗设施建设时期的控制性要求。

审查重点是根据尾矿坝的渗流及稳定计算结果，判断尾矿坝的排渗设施布置、型式及建设时期是否合理，能否达到渗流稳定及降低坝体浸润线的要求。

8.5.3　总结概述本节专用安全设施内容。

【条文说明】

根据《金属非金属矿山建设项目安全设施目录（试行）》（国家安全生产监督管理总局令第75号）的相关规定，尾矿坝坝体排渗设施属于专用安全设施，主要包括以下内容：

（1）贴坡排渗。

（2）自流式排渗管。

（3）管井排渗。

（4）垂直－水平联合自流排渗。

（5）虹吸排渗。

（6）辐射井。

（7）排渗褥垫。

（8）排渗盲沟（管）。

每个尾矿库根据需要，可能设置一项或多项排渗措施，也可能不需要设置，安全设施设计报告中应设置单独的节对尾矿坝排渗设施进行简单列举说明。

需要指出的是，如果尾矿库不需要设置排渗设施，相关节也应该设置，仅需在相关的节下面明确："本尾矿库不需要设置排渗设施。"即可。

近年来，很多尾矿库库区需要设置土工材料防渗层，通常，土工材料防渗层下部需设置地下水导排系统，在安全设施设计报告编写中，应注意区分防渗设施和地下水导排设施，不要混淆。

8.6 干式尾矿运输安全设施

8.6.1 对于干式堆存的尾矿库，说明干式尾矿运输的安全设施设置情况。

8.6.2 采用汽车运输时，应说明运输线路的布置、设备的型号和规格、安全护栏、挡车设施、汽车避让道、卸料平台的安全挡车设施等。

8.6.3 采用带式输送机运输时，应说明运输线路的布置、设备的型号和规格、系统的各种闭锁和电气保护装置、设备的安全护罩、安全护栏、梯子、扶手等。

【条文说明】

对于干式尾矿库，安全设施设计报告中应设置单独的节列出干式尾矿运输过程中的安全设施。

当采用汽车运输时，应根据运输线路布置情况，对与之相配套的安全设施的设计情况进行介绍，不能有遗漏。

当采用皮带运输时，首先要将皮带运输系统叙述清楚，然后说明采取的安全措施，包括电气控制方面、周围环境方面以及设备周围的保护设施等。

8.6.4 总结概述本节专用安全设施内容。

【条文说明】

根据《金属非金属矿山建设项目安全设施目录（试行）》（国家安全生产监督管理总局令第 75 号）的相关规定，干式尾矿汽车运输专用安全设施包括以下内容：

（1）运输线路的安全护栏、挡车设施。

（2）汽车避让道。

（3）卸料平台的安全挡车设施。

干式尾矿带式输送机运输专用安全设施包括以下内容：

（1）输送机系统的各种闭锁和电气保护装置。

（2）设备的安全护罩。

（3）安全护栏。

（4）梯子、扶手。

安全设施设计报告应设置单独的节对干式尾矿输送系统的专用安全设施进行简单列举说明，建议列表说明。

8.7 库内水上设备安全设施

8.7.1 对于库内有回水浮船或运输船的尾矿库，应说明保护船只及船只上工作人员安全的设施，包括安全护栏、救生器材、浮船固定设施、电气设备接地措施等。

8.7.2 对于库内有浮箱泵站或者简易水上平台泵站，应说明保证工作人员安全的设施，包括安全护栏、救生器材、浮船固定设施、电气设备接地措施等。

8.7.3 对于用于放矿或者库内排水井维护等的水上浮桥、水上浮筒、水上检修平台、工作平台等，应说明其安全设施，包括安全护栏、救生器材、浮船固定设施等；上述设施可能对排水建筑物产生影响的，应给出保证排水建筑物正常使用的措施。

【条文说明】

尾矿库内船只、浮箱泵站及浮桥等设施存在设施翻倒、设施上工作人员落水及人员触电等安全风险，应针对此类安全风险设置相应的安全设施。

水上浮桥、水上浮筒、水上检修平台、工作平台等可能影响排水构筑物的泄水或堵塞排水构筑物，安全设施设计需根据上述设施设置情况及与排水构筑物的位置关系进行分析并给出保证排水构筑物正常使用的措施。

审查重点为安全设施是否完备，保证排水建筑物正常使用的措施是否有效。

8.7.4　总结概述本节专用安全设施内容。

【条文说明】

根据《金属非金属矿山建设项目安全设施目录（试行）》（国家安全生产监督管理总局令第75号）的相关规定，库内水上设备防护设施属于专用安全设施，包括以下内容：

（1）安全护栏。

（2）救生器材。

（3）浮船固定设施。

（4）电气设备接地措施。

安全设施设计报告应设置单独的节对库内船只浮箱、浮桥的专用安全设施进行简单列举说明。

8.8　辅助设施

8.8.1　说明尾矿库的交通道路布置情况，包括库区巡查道路，尾矿坝、排洪系统与值班室及外部道路的连通道路和尾矿坝应急上坝道路等。

8.8.2　说明尾矿库通信设施设置情况，包括尾矿库生产作业人员、巡视人员与安全生产管理机构通信配备情况。

8.8.3　说明尾矿库照明设施设置情况。

8.8.4　说明尾矿库管理站设置情况。

8.8.5　说明报警系统设置情况。

8.8.6　对于堆存有毒有害尾矿的尾矿库，应说明库区安全护栏设置情况，防止无关人员及牲畜入内。

【条文说明】

尾矿库生产的辅助设施与尾矿库的安全生产密切相关，应对相应的设计情况进行介绍，不得遗漏。

《尾矿库安全规程》（GB 39496）规定：尾矿库应设置交通道路、值班室、应急器材库、通信和照明等设施。尾矿库应设置通往坝顶、排洪系统附近的应急道路，应急道路应满足应急抢险时通行和运送应急物资的需求，应避开产生安全事故可能影响区域且不应设置在尾矿坝外坡上。

《尾矿设施设计规范》（GB 50863）规定：尾矿库必要时可设置宿舍和库区简易气象水文观测点。尾矿库值班室和宿舍宜避开坝体下游。

审查重点是尾矿库的辅助设施设置是否齐全，是否满足安全生产的要求。

8.8.7　总结概述本节专用安全设施内容。

【条文说明】

根据《金属非金属矿山建设项目安全设施目录（试行）》（国家安全生产监督管理总局令第75号）的相关规定，尾矿库辅助设施的专用安全设施包括以下内容：

（1）尾矿库管理站。

（2）报警系统。

（3）库区安全护栏。

安全设施设计报告应设置单独节对尾矿库辅助设施的专用安全设施进行简单列举说明。

8.9 个人安全防护

8.9.1 说明尾矿库企业应为员工配备的个人防护用品的规格和数量及使用周期。

【条文说明】

作业人员个人防护用品是作业人员安全的最后一道防护，也是遇险人员自救的仅有工具，因此其重要程度不言而喻，安全设施设计时应为尾矿作业人员配备足额的个人防护用品。

审查重点是安全设施设计中是否配备了足够的个人防护用品。

8.9.2 总结概述本节专用安全设施内容。

【条文说明】

根据《金属非金属矿山建设项目安全设施目录（试行）》（国家安全生产监督管理总局令第75号）的相关规定，个人安全防护用品属于专用安全设施，安全设施设计报告应设置单独的节对个人防护用品进行简单列举说明，建议列表说明。

8.10 安全标志

8.10.1 说明尾矿库库区及周边应设置的符合要求的安全标志，包括尾矿库、交通、电气安全标志。

【条文说明】

尾矿库的周边环境不同，其危险因素不同，因此设置的安全标志也不相同。设计时可根据项目特点对重点危险区域（如库区潜在滑坡区域）的安全标志设置情况进行说明。

《尾矿库安全规程》（GB 39496）规定：生产经营单位应在尾矿

库库区设置明显的安全警示标识。

审查重点是安全设施设计中是否在重点危险区域设置了安全标志。

8.10.2 总结概述本节专用安全设施内容。

【条文说明】

根据《金属非金属矿山建设项目安全设施目录（试行）》（国家安全生产监督管理总局令第75号）的相关规定，尾矿库、交通、电气安全标志属于专用安全设施，安全设施设计报告应设置单独的节对安全标志进行简单列举说明，建议列表说明。

9 安全管理和专用安全设施投资

9.1 安全管理

9.1.1 说明尾矿库安全生产管理机构设置、职能、人员配备的建议及尾矿库安全教育和培训的基本要求。

9.1.2 说明应设置的矿山救护队或兼职救护队的人员组成及技术装备。

9.1.3 说明尾矿库应制定的相应各种安全事故的应急救援预案、应急物资配备的建议。

【条文说明】

安全设施设计中应根据国家安全生产法律、法规、规章和规范性文件的要求，并结合尾矿库生产企业实际情况，对本节中各条款要求进行说明。对于正在运行的尾矿库，原来的机构设置能够满足要求的，仍可执行原来的机构设置。对于尾矿排放方式有重大变化的尾矿库，这些变化可能导致增加新的工种和新的危险源，在本条款就应强调对安全培训、安全技术操作规程的补充和修订。

制定尾矿库灾害应急救援预案，建立、完善尾矿库预警制度、配备合规且充足的应急物资，以应对尾矿库可能出现的紧急情况和突发事件。

《尾矿库安全规程》（GB 39496）规定：

生产经营单位应建立健全尾矿库全员安全生产责任制，建立健全安全生产规章制度和安全技术操作规程，对尾矿库实施有效的安全管理。

生产经营单位应落实尾矿库应急管理主体责任，建立健全尾矿库生产安全事故应急工作责任制和应急管理规章制度，制定应急救援预案，并及时发放到尾矿库各部门、岗位和应急救援队伍。

审查重点是尾矿库配备的管理机构、救护人员及设施、应急救援预案及应急物资、企业标准化建设要求是否符合国家安全生产法律、法规、规章和规范性文件及尾矿库生产企业实际情况。

9.2 尾矿库安全运行管理主要控制指标

9.2.1 列出尾矿库安全运行管理的主要控制指标。

9.2.2 湿式尾矿库应包括库内控制的正常生产水位、调洪高度、安全超高、防洪高度、沉积滩坡度、正常生产水位时的干滩长度、最小干滩长度、各监测剖面的坝体控制浸润线、各项监测指标的预警值等。

9.2.3 干式尾矿库应包括库内调洪起始水位、调洪高度、防洪高度、安全超高、最小防洪宽度、各监测剖面的坝体控制浸润线、各项监测指标的预警值等。

【条文说明】

本条款要求列出尾矿库安全运行管理的主要控制指标，使生产管理单位与监管部门对影响尾矿库安全的主要生产控制指标一目了然，便于生产管理单位管理及监管部门监管。由于湿式尾矿库和干式尾矿库的生产控制指标不同，应根据尾矿库的类别分别给出对应的控制指标。需要注意的是由于不同位置浸润线监测剖面上堆积坝高度不同，控制浸润线的埋深可能有差异，所以各剖面的坝体控制浸润线需分别给出。可列表给出各控制指标。

《尾矿库安全规程》（GB 39496）规定：

生产经营单位应按设计要求进行库水位控制与防洪。

尾矿库运行期间应加强浸润线监测，严格按设计要求控制浸润线埋深。

尾矿库运行期间，坝体浸润线埋深小于控制浸润线埋深时，应增设或更新排渗设施。

尾矿库安全监测预警应由低级到高级分为蓝色预警、黄色预警、橙色预警、红色预警四个等级，设计单位应给出各监测项目的各级预警阈值。各监测项目及尾矿库安全状况各级预警等级的判定并应符合下列规定：当同类监测项目的监测点达到4个蓝色预警时，该项目为黄色预警；达到3个黄色预警时，该项目应为橙色预警；达到2个橙色预警时，该项目应为红色预警；当监测项目达到4个蓝色预警时，应计为1项监测项目黄色预警；达到3项黄色预警时，应计为1项监测项目橙色预警；当监测项目达到2项橙色预警时，应计为1项监测项目红色预警；尾矿库安全状况预警应由尾矿库安全监测项目的最高预警等级确定。

为便于后期尾矿库安全管理，在尾矿库安全设施设计报告中应按照尾矿库型式给出相应的控制指标。

审查重点是给出的主要控制指标是否齐全，核实本节给出的主要控制指标与前面分析得出的参数是否一致。

9.3 专用安全设施投资

根据《金属非金属矿山建设项目安全设施目录（试行）》（国家安全监管总局令第 75 号）的规定，对本项目中设计的全部专用安全设施的投资进行列表汇总，相关内容见表 2。

表2 专用安全设施投资表

序号	名 称	描 述	投资 万元	说明
1	地质灾害及雪崩防护设施	列出本项工程专用安全设施的内容名称，下同		
2	尾矿库安全监测设施			
3	排渗设施			
4	干式尾矿运输安全设施			
5	库内船只安全设施			
6	辅助设施			
7	尾矿库应急救援设备及器材			
8	个人安全防护用品			
9	尾矿库、交通、电气安全标志			
10	其他设施			

【条文说明】

采用表格的形式列出便于相关人员对专用安全设施的查阅。本表可参考《金属非金属矿山建设项目安全设施目录（试行）》（国家安全生产监督管理总局令第 75 号）的内容，并结合项目的实际情况进行填写。因基本安全设施具有生产功能，如果设计中缺失，则生产无法进行，其投资算入生产设施，所以新建尾矿库项目的安全投资只计算其专用安全设施部分。

审查重点是专用的安全设施是否漏项，安全设施投资是否足够。

10　存在的问题和建议

10.1　提出设计单位能够预见的在项目实施过程中或投产后，可能存在并需要矿山解决或需要引起重视的安全生产方面的问题及解决的建议。

10.2　提出设计基础资料影响安全设施设计的问题及解决建议。

【条文说明】

在建设项目设计中可能由于部分基础资料缺失或暂时没有途径获得，因此设计中的部分参数或工艺是暂时根据设计单位的经验或借鉴同类尾矿库来确定的，并需要在生产中进一步取得相关资料或验证的基础上进行完善，对于此类问题，设计中应明确说明。另外，对设计阶段无法确定的潜在风险因素，也应在此提示并提出建议，指导生产中尾矿库应如何进行防范或开展相关研究工作。

安全设施设计是在已有资料的基础上进行的，如果基础资料不准确或发生变化，则原设计的内容可能不会满足新的变化，需要根据变化情况进行调整。设计中应对此类问题进行说明，并提出相关建议。

11　附件与附图

11.1　附件

安全设施设计依据的相关文件应包括采矿许可证的复印件或扫描件等。

【条文说明】

附件中应包括采矿许可证、尾矿库立项核准等文件的复印件或扫描件，设计中可以根据设计情况适当增加相关附件，主要可包括但不限于如下内容：研究报告结论及评审意见、专项设计主要内容及评审意见、改扩建尾矿库主要安全设施的定期检测报告等。

11.2 附图

11.2.1 附图应采用原始图幅，图中的字体、线条和各种标记应清晰可读，签字齐全，宜采用彩图。

11.2.2 附图应包括以下图纸（可根据实际情况调整，但应涵盖以下图纸的内容）：

——尾矿库周边环境图；

——尾矿库安全设施平面布置图；

——尾矿库典型纵剖面图；

——尾矿坝纵横断面图；

——尾矿坝各期基建终了图（分期建设）；

——排洪系统典型纵横剖面图；

——排洪系统各期基建终了图（分期建设）；

——坝高—库容曲线图；

——尾矿坝坝体设计控制浸润线剖面图；

——监测设施布置。

【条文说明】

上述列出的图纸包含了尾矿库设计的主要安全设施图纸，通过这些图纸中的信息，可以对项目设计情况的有一个整体直观的认识，且要求的图纸与尾矿库建设和生产的安全直接相关，因此设计报告中应按照要求进行附图。安全设施设计附图可根据实际情况适当调整，并不要求图名及数量与本节要求完全一致，只要内容涵盖上述要求即可。尾矿库周边环境图应包含尾矿库建设产生相互影响的设施；尾矿库典型剖面图应给出尾矿坝、排洪系统及相互关系；尾矿坝坝体设计控制浸润线剖面图应包括各剖面的正常运行控制浸润线和洪水运行控制浸润线；尾矿坝各期基建终了图和排洪系统各期基建终了图是针对尾矿坝和排洪系统采用分期建设的尾矿库而言，其他尾矿库无须给出。

所附图纸应该采用正常图幅大小，不要为装订方便而缩小图幅。由于有时图纸上的信息较多，采用彩图能够更加清晰地表达出相关信息，建议优先考虑采用彩图。

审查重点是附图是否齐全，图纸是否与设计说明相一致，是否能说明问题，工程布置是否正确，图纸内容是否清晰可读，图纸签字是否齐全。

附　录　A
（资料性）
尾矿库建设项目安全设施设计编写目录

A.1　设计依据

A.1.1　设计依据的批准文件和相关的合法证明文件

A.1.2　设计依据的安全生产法律、法规、规章和规范性文件

A.1.3　设计采用的主要技术标准

A.1.4　其他设计依据

A.2　工程概述

A.2.1　尾矿库基本情况

A.2.2　尾矿库地质与建设条件

A.2.2.1　工程地质与水文地质

A.2.2.2　影响尾矿库安全的主要自然客观因素

A.2.2.3　尾矿库周边环境

A.2.2.4　库址和堆存方式适宜性分析

A.2.3　工程设计概况

A.3　本项目安全预评价报告建议采纳及前期开展的科研情况

A.3.1　安全预评价报告提出的对策措施与采纳情况

A.3.2　本项目前期开展的安全生产方面科研情况

A.4 尾矿库主要安全风险分析

A.5 安全设施设计

A.5.1 尾矿坝

A.5.1.1 初期坝

A.5.1.2 堆积坝

A.5.1.3 拦砂坝

A.5.1.4 稳定性分析

A.5.1.5 本节专用安全设施

A.5.2 防排洪

A.5.2.1 防洪标准

A.5.2.2 洪水计算

A.5.2.3 防排洪设施

A.5.2.4 调洪演算

A.5.2.5 本节专用安全设施

A.5.3 地质灾害及雪崩防护设施

A.5.4 安全监测设施

A.5.5 排渗设施

A.5.6 干式尾矿运输安全设施

A.5.7 库内水上设备安全设施

A.5.8 辅助设施

A.5.9 个人安全防护

A.5.10 安全标志

A.6 安全管理和专用安全设施投资

A.6.1 安全管理

A.6.2 尾矿库安全运行管理主要控制指标

A. 6. 3 专用安全设施投资

A. 7 存在的问题及建议

A. 8 附件与附图

A. 8. 1 附件

A. 8. 2 附图

【条文说明】

上述列出了具体进行尾矿库建设项目安全设施设计编制时，参考的编写目录。

第 2 篇：尾矿库建设项目安全设施重大变更设计编写提纲

1　范围

本文件规定了尾矿库建设项目安全设施重大变更设计编写提纲的设计依据、工程概述、安全设施变更内容、前期开展的科研情况、安全设施重大变更设计、存在的问题及建议、附件和附图。

本文件适用于尾矿库建设项目安全设施重大变更设计，章节结构应按附录 A 编制。

【条文说明】

本章是关于标准适用范围的规定。

尾矿库的重大变更事项应按照《非煤矿山建设项目安全设施重大变更范围》相关要求执行。

2　规范性引用文件

下列文件中的内容通过文中的规范性引用而构成本文件必不可少的条款。其中，注日期的引用文件，仅该日期对应的版本适用于本标准；不注日期的引用文件，其最新版本（包括所有的修改单）适用于本标准。

KA/T 20.4—2024 非煤矿山建设项目安全设施设计编写提纲 第4部分：尾矿库建设项目安全设施设计编写提纲

【条文说明】

本章列出了标准的引用文件。

本标准是针对尾矿库建设项目安全设施重大变更设计的编写要求进行的规定，对照《非煤矿山建设项目安全设施重大变更范围》说明安全设施重大变更的内容后，其内容编写要求仍应参照《非煤矿山建设项目安全设施设计编写提纲 第4部分：尾矿库建设项目安全设施设计编写提纲》进行，因此是主要规范性引用文件。

3 术语和定义

下列术语和定义适用于本文件。

3.1

尾矿库 tailings pond

用以贮存金属、非金属矿山进行矿石选别后排出尾矿的场所。

【条文说明】

本条术语是关于尾矿库的定义。

本标准沿用了《尾矿库安全规程》（GB 39496）关于尾矿库的定义，把尾矿库的范围明确限定在用于贮存金属、非金属矿山进行矿石选别后排出尾矿的场所。

尾矿的处置方式分为两种，一种是进行综合利用，主要用于做建筑材料及井下充填等。对另一种不宜或不能进行综合利用的尾矿，必须建设专门的场所进行堆存。尾矿堆存方式分为地表堆存、地下堆存和水下堆存，本条定义的尾矿库专门指用于贮存尾矿的地表堆存场所。

3.2

重大变更　major changes

与原设计相比，基本安全设施发生重大变化。尾矿库的重大变更事项应按照《非煤矿山建设项目安全设施重大变更范围》的要求执行。

【条文说明】

本条术语是关于重大变更的定义。

根据《非煤矿山建设项目安全设施重大变更范围》（矿安〔2023〕147号），尾矿库的重大变更范围包括6条，15款。

4　设计依据

【条文说明】

尾矿库建设项目的设计、施工、竣工验收和生产管理都要依据国家法律、法规，地方法规，国家和行业及地方标准进行。安全设施设计中应该把设计依据列出，以便设计审查人员审查设计是否满足相关要求，也可作为是否通过安全设施设计审查的标准，以及工程建设、竣工验收的依据。

本章是关于尾矿库建设项目安全设施重大变更设计报告中关于设计依据的规定，安全设施重大变更设计报告中需要单独设置一章。

4.1　设计依据的批准文件和相关的合法证明文件

4.1.1　在设计依据中应列出所服务矿山的采矿许可证。

4.1.2　对于基建期尾矿库，列出安全设施设计审查意见书及批复文件。

4.1.3 对于运行期尾矿库，列出安全设施设计审查意见书及批复文件、安全设施验收意见书和安全生产许可证。

【条文说明】

采矿许可证是正常合法生产的矿山的最基本的条件，根据《关于印发防范化解尾矿库安全风险工作方案的通知》（应急〔2020〕15号）要求"严格控制新建独立选矿厂尾矿库"，因此应列出矿山的采矿许可证。

对于基建期尾矿库在编写安全设施重大变更设计时，应列出安全设施设计的审查意见书，以证明原安全设施设计的合法性。

对于运行期尾矿库在编写安全设施重大变更设计时，应列出安全设施设计审查意见书、安全设施验收意见书和安全生产许可证，以证明尾矿库建设、投产、生产的合法性。

4.2 设计依据的安全生产法律、法规、规章和规范性文件

4.2.1 设计依据中应列出设计变更依据的有关安全生产的法律、法规、规章和规范性文件。

4.2.2 国家法律、行政法规、地方性法规、部门规章、地方政府规章、国家和地方规范性文件等应分层次列出，并标注其文号及施行日期，每个层次内应按照发布时间顺序列出。

4.2.3 依据的文件应现行有效。

【条文说明】

安全设施重大变更设计报告中应设置单独的节列出设计依据的安全生产有关法律、法规、规章和规范性文件。罗列相关文件时，应按国家法律、行政法规、地方性法规、部门规章、地方政府规章、规范性文件分层次列出；同一层次文件按发布时间进行排序，发布时间晚的排列在前面，发布时间早的排列在后面。

所有文件应标注清楚相关信息，使其条理清晰，便于查阅和审查。国家法律、行政法规、地方性法规以国家主席令、国务院令、地方人大公告或地方政府令的形式予以发布，有明确的施行日期，引用时应标注施行日期；部门规章和地方行政规章以政府公文的形式发布，发布时标有唯一的公文文号，引用时应标注其文号。

所列法规文件应与本项目安全设施设计相关，具有针对性，并为现行有效，与安全设施设计无关的及已经废止、废除或被替代的文件不得作为设计依据。

审查时应核对列出的相关法律、法规、规章和规范性文件是否现行有效，是否可作为该建设项目的设计依据。

4.3 设计采用的主要技术标准

4.3.1 设计中应列出设计变更采用的技术性标准。

4.3.2 国家标准、行业标准和地方标准应分层次列出，标注标准代号；每个层次内应按照标准发布时间顺序排列。

4.3.3 采用的标准应现行有效。

【条文说明】

安全设施重大变更设计报告中应设置单独的节列出设计采用的技术性标准，技术性标准包括国家标准、行业标准、地方标准。罗列标准时，应按国家标准、行业标准和地方标准分层次列出，同一层次标准按发布时间进行排序，发布时间晚的排列在前面，发布时间早的排列在后面。

所有标准应标注清楚其相关信息，使其条理清晰，便于查阅和审查，相关信息包括标准名称、标准代号及发布时间。

所列标准应与建设项目安全设施设计或安全生产相关，并为现行有效，与安全设施设计无关的及已经废止或废除的技术标准不得作为设计依据。

审查时应核对列出的相关国家标准、行业标准和地方标准是否现行有效，是否可作为该建设项目的设计依据。

4.4 其他设计依据

4.4.1 其他设计依据中应列出设计变更依据的安全设施设计报告及设计单位、相关的岩土工程勘察报告、试验报告、研究成果及安全论证报告等，标注报告编制单位和编制时间。对于运行期尾矿库，还应列出安全现状评价报告。

4.4.2 岩土工程勘察报告应达到详细勘察的程度。

【条文说明】

其他设计依据是指安全设施重大变更设计所依据的技术性文件及已经完成的用于支持安全设施设计的试验、研究成果及安全论证报告等，包括建设项目安全设施设计报告、相关的岩土工程勘察报告、尾矿坝三维渗流分析研究报告、尾矿坝动力稳定分析研究报告、尾矿堆积试验报告等。其主要目的是对项目已经完成的相关工作进行说明，便于对安全设施设计的可靠性和全面性进行把握。

长期以来，相关文件并未对岩土工程勘察报告深度做出规定，以往的尾矿库建设项目安全设施重大变更设计中岩土工程勘察工作往往仅达到初步勘察深度，这使后期施工图设计阶段工程地质条件发生重大变化的可能性增大，尤其是对于一些地质条件复杂的工程，这样不但对工程建设不利，还将导致项目建设费用增加，工期变长，甚至需要再次履行安全设施重大变更手续。由于尾矿库岩土工程勘察报告的深度直接关系到安全设施重大变更设计的可靠性和安全性，所以安全设施重大变更设计依据中的岩土工程勘察报告应达到详细勘察的深度。

审查时应重点核实支持安全设施重大变更设计的技术性文件是否足够，结果是否可信，深度是否满足要求。

5 工程概述

5.1 尾矿库基本情况

尾矿库基本情况应简述以下内容：

——企业基本情况，说明建设单位简介、隶属关系、历史沿革等；

——尾矿库的历史沿革；

——尾矿库所处地理位置、自然环境、气象条件及地震资料等；

——尾矿库地形地貌情况，说明尾矿库岸坡坡度、库底平均纵坡，植被情况，库内现有设施与居民情况。

【条文说明】

描述上述内容时，尽可能做到简单、清晰、明确，便于相关人员对建设项目的基本情况有一个客观、准确的认识。

库内设施及居民情况应该由当地政府出具证明文件。

5.2 原安全设施设计主要内容

简述原安全设施设计主要内容，并列出原安全设施设计的主要技术指标，相关内容应参照《非煤矿山建设项目安全设施设计编写提纲 第4部分：尾矿库建设项目安全设施设计编写提纲》（KA/T 20.4—2024）中表1的内容。

【条文说明】

对原设计的主要内容进行简述，主要包括尾矿的特性（数量、粒度、浓度、固废类别等）、尾矿库类型、库容、坝高、等别、尾矿坝、防排洪系统、防排渗设施、尾矿排放方式、安全监测设施、辅助设施等，介绍时应简洁明了，不需要采用大篇幅描述。

5.3 尾矿库现状

5.3.1 基建期尾矿库，应简述尾矿库建设现状。

5.3.2 运行期尾矿库，应简述尾矿库各设施情况及运行现状。

【条文说明】

对尾矿库建设或运行现状进行说明，其主要目的是判断重大变更设计的基础条件和可行性，以及可能涉及其他变更的内容。基建期尾矿库应对已经实施的工程情况进行说明，包括尾矿坝、排洪设施及安全监测设施等，并预计完成剩余工程需要的时间。

运行期尾矿库应对其投产后的生产情况进行说明，包括投产时间、达到的排放规模、尾矿坝坝高、各系统使用和运行情况等，并对安全现状评价报告给出的主要结论加以说明。

6 安全设施变更内容

6.1 安全设施变更内容

说明安全设施变更的内容，并逐项说明变更的原因，例如工程地质条件、水文地质条件、自然和环境条件、尾矿规模、尾矿物化特性、外部原因及企业内部决策发生变化等。

【条文说明】

逐项对安全设施重大变更及一般性变更的原因进行客观说明，主要目的是判断各项变更的合理性，以及变更之后的安全可靠性等。如果变更是由于外部客观条件引起的，应说明客观条件的最新情况，主要应对新条件变化的部分描述清楚。如果是企业决策引起的设计变更，则直接说明即可。

6.2 安全设施重大变更内容

对照《非煤矿山建设项目安全设施重大变更范围》，逐项说明安全设施重大变更的内容。

【条文说明】

根据安全设施变更情况，逐项对照《非煤矿山建设项目安全设施重大变更范围》，说明哪些属于安全设施重大变更，并说明理由。其主要目的是确定本次安全设施重大变更设计的范围。

7 本项目安全现状评价报告建议采纳及前期开展的科研情况

7.1 安全现状评价报告提出的对策措施与采纳情况

运行期尾矿库用表格形式列出安全现状评价报告中提出的需要在安全设施重大变更设计中落实的对策措施，简要说明采纳情况，对于未采纳的应说明理由。

7.2 本项目前期开展的安全生产方面科研情况

叙述前期开展的与安全设施重大变更相关的科研工作及成果，以及有关科研成果在安全设施重大变更设计中的应用情况。

【条文说明】

在项目建设或生产中，如果生产经营单位针对某些相关问题开展了专门的课题研究，当这些研究与重大变更设计相关时，可在此列出科研情况、结论及专家评审意见。如果设计单位认为可以作为重大变更设计的依据资料时，应说明重大变更设计中对相关科研成果的采纳情况。

常见的科研工作包括尾矿坝三维渗流分析研究、尾矿坝动力稳定分析研究、尾矿堆积试验等，中线法和下游法等利用分级尾砂的筑坝方式还包括尾砂分级试验等。

8 安全设施重大变更设计

参照《非煤矿山建设项目安全设施设计编写提纲　第4部分：尾矿库建设项目安全设施设计编写提纲》（KA/T 20.4—2024）中相关内容编制要求，编制本次安全设施重大变更部分的安全设施设计。

【条文说明】

涉及的重大变更内容应按照《非煤矿山建设项目安全设施设计编写提纲　第4部分：尾矿库建设项目安全设施设计编写提纲》（KA/T 20.4—2024）中相关内容编制要求编写。

对于本次重大变更设计不涉及的部分，不用重复论述。

9 安全管理和专用安全设施投资

根据安全设施重大变更内容，说明尾矿库安全管理、尾矿库安全运行管理主要控制指标和专用安全设施投资变化情况，并参照《非煤矿山建设项目安全设施设计编写提纲　第4部分：尾矿库建设项目安全设施设计编写提纲》（KA/T 20.4—2024）中相关内容及要求进行编制。

【条文说明】

安全设施重大变更如果引起尾矿库安全管理要求、尾矿库安全运行管理主要控制指标和专用安全设施投资变化，安全设施重大变更设计应对变化情况进行详细说明。

10　存在的问题及建议

10.1　提出设计单位能够预见的在安全设施重大变更实施过程中或投产后，可能存在并需要生产经营单位解决或需要引起重视的安全问题及解决建议。

【条文说明】

在安全设施重大变更设计中可能由于部分基础资料缺失或暂时没有途径获得，因此设计中的部分参数或工艺是暂时根据设计单位的经验或借鉴同类尾矿库来确定的，并需要在生产中进一步取得相关资料或验证的基础上进行完善，对于此类问题，设计中应明确说明。另外，对设计阶段无法确定的潜在风险因素，也应在此提示并提出建议，指导生产中尾矿库应如何进行防范或开展相关研究工作。

10.2　提出设计基础资料影响安全设施重大变更设计的问题及解决建议。

【条文说明】

安全设施重大变更设计是在已有资料的基础上进行的，如果基础资料不准确或发生变化，则原设计的内容可能不会满足新的变化，需要根据变化情况进行调整。设计中应对此类问题进行说明，并提出相关建议。

11　附件与附图

11.1　附件

11.1.1　附件应包括安全设施重大变更设计主要依据的相关文件的复印件或扫描件。

11.1.2　安全设施重大变更设计主要依据的文件应包括下列文件：

——采矿许可证；

——基建期尾矿库应包括安全设施设计审查意见书及批复文件；

——运行期尾矿库应包括安全设施设计审查意见书及批复文件、安全设施验收意见书和安全生产许可证。

【条文说明】

对于基建期尾矿库，附件中应列出原安全设施设计的审查意见书。

对于运行期尾矿库，附件中应列出安全设计审查意见书、安全设施验收意见书和安全生产许可证。

此外，设计中可以根据设计情况适当增加相关附件，主要包括但不限于如下内容：与重大变更设计内容相关的研究报告结论及评审意见、专项设计主要内容及评审意见、排洪设施的检测报告等。

11.2　附图

11.2.1　应参照《非煤矿山建设项目安全设施设计编写提纲　第4部分：尾矿库建设项目安全设施设计编写提纲》（KA/T 20.4—2024）的要求，对安全设施设计重大变更引起变化的图纸进行变更设计。

11.2.2　附图应采用原始图幅，图中的字体、线条和各种标记应清晰可读，签字齐全，宜采用彩图。

【条文说明】

安全设施重大变更设计涉及的图纸，可参照《非煤矿山建设项目安全设施设计编写提纲　第4部分：尾矿库建设项目安全设施设计编写提纲》（KA/T 20.4—2024）要求进行附图。如果设计单位根据建设项目特点认为应增加其他附图时也应适当增加附图张数。

所附图纸应该采用正常图幅大小，不要为装订方便而缩小图幅。由于有时图纸上的信息较多，采用彩图能够更加清晰地表达出相关信息，建议优先考虑采用彩图。

附　录　A

（资料性）

尾矿库建设项目安全设施重大变更设计编写目录

A.1　设计依据

A.1.1　设计依据的批准文件和相关的合法证明文件

A.1.2　设计依据的安全生产法律、法规、规章和规范性文件

A.1.3　设计采用的主要技术标准

A.1.4　其他设计依据

A.2　工程概述

A.2.1　尾矿库基本情况

A.2.2　原安全设施设计主要内容

A.2.3　尾矿库现状

A.3　安全设施变更内容

A.3.1　安全设施变更内容

A.3.2　安全设施重大变更内容

A.4　本项目安全现状评价报告建议采纳及前期开展的科研情况

A.4.1　安全现状评价报告提出的对策措施与采纳情况

A.4.2　本项目前期开展的安全生产方面科研情况

A.5 安全设施重大变更设计

A.6 安全管理和专用安全设施投资

A.7 存在的问题及建议

A.8 附件与附图

A.8.1 附件

A.8.2 附图

【条文说明】

上述列出了具体进行尾矿库建设项目安全设施重大变更设计编制时，参考的编写目录。

第3篇：尾矿库闭库项目安全设施设计编写提纲

1 范围

本文件规定了尾矿库闭库项目安全设施设计编写提纲的设计依据、工程概述、本项目安全现状评价报告中安全对策采纳及前期开展的科研情况、安全设施设计、闭库后安全管理要求、存在的问题和建议、附件与附图。

本文件适用于尾矿库闭库项目安全设施设计，章节结构应按附录A编制。

【条文说明】

本章是关于标准适用范围的规定。

生产上停用的尾矿库仍作为危险源长期存在，必须保证其长期安全。因此，《尾矿库安全监督管理规定》和《尾矿库安全规程》（GB 39496）均对闭库作出了明确规定，并要求编制安全设施设计。需要说明的是，停用不等于闭库，闭库工作是保证尾矿库达到长期安全稳定要求而进行的一系列工作。完整的闭库过程包括勘察、评价、设计、施工及验收等一系列程序。

2015年6月，原国家安全生产监督管理总局发布了《金属非金属矿山建设项目安全设施设计编写提纲》（安监总管一〔2015〕68

号）（以下简称原《提纲》）。原《提纲》中仅给出了新建及改扩建项目的编写提纲，对重大变更设计、尾矿库闭库项目未给出编写提纲，造成了近年来重大变更设计、尾矿库闭库项目的报审文件格式混乱，编写深度不一致等问题，为审查及后期执行带来了困难，因此非常有必要补充安全设施重大变更设计及尾矿库闭库编写提纲。

2022 年 2 月，国家矿山安全监察局印发了《关于加强非煤矿山安全生产工作的指导意见》（矿安〔2022〕4 号）（以下简称《指导意见》）。根据《指导意见》相关规定，非煤矿山含金属非金属地下矿山、金属非金属露天矿山和尾矿库等。因此，本标准文件名称修改为《非煤矿山建设项目安全设施设计编写提纲》。新《提纲》包括 6 部分内容，本标准为第 6 部分《尾矿库闭库项目安全设施设计编写提纲》。

本标准编写范围在与尾矿库建设项目安全设施设计编写范围保持基本一致的基础上，针对尾矿库闭库项目的项目特点，增加了闭库后安全管理要求章节。闭库后安全管理要求是针对尾矿库闭库验收结束后，尾矿库销号前的阶段。

2　规范性引用文件

下列文件中的内容通过文中的规范性引用而构成本文件必不可少的条款。其中，注日期的引用文件，仅该日期对应的版本适用于本文件；不注日期的引用文件，其最新版本（包括所有的修改单）适用于本文件。

本文件没有规范性引用文件。

【条文说明】

本章列出了标准的引用文件。

现有标准中没有关于尾矿库闭库项目安全设施设计的编写要求，因此本标准无规范性引用文件。

3 术语和定义

下列术语和定义适用于本文件。

【条文说明】

本章列出了本标准涉及的术语和定义。本标准仅列出了“尾矿库”“湿式尾矿库”“干式尾矿库”以及“一次建坝”共计4个主要术语，尾矿库工程涉及的其余术语详见《尾矿库安全规程》（GB 39496）。

3.1

尾矿库 tailings pond

用以贮存金属、非金属矿山进行矿石选别后排出尾矿的场所。

【条文说明】

本条术语是关于尾矿库的定义。

本标准沿用《尾矿库安全规程》（GB 39496）关于尾矿库的定义，把尾矿库的范围明确限定在用于贮存金属、非金属矿山进行矿石选别后排出尾矿的场所。

尾矿的处置方式分为两种，一种是进行综合利用，主要用于做建筑材料及井下充填等。对另一种不宜或不能进行综合利用的尾矿，必须建设专门的场所进行堆存。尾矿堆存方式分为地表堆存、地下堆存和水下堆存，本条定义的尾矿库专门指用于贮存尾矿的地表堆存场所。

3.2

湿式尾矿库　wet tailings pond

入库尾矿具有自然流动性，采用水力输送排放尾矿的尾矿库。

3.3

干式尾矿库　dry tailings pond

入库尾矿不具自然流动性，采用机械排放尾矿且非洪水运行条件下库内不存水的尾矿库。

【条文说明】

3.2、3.3条术语是关于湿式尾矿库、干式尾矿库的定义，湿式尾矿库、干式尾矿库是关于尾矿库类型的术语。

任何尾矿库均属于上述两类尾矿库中的一类，尾矿库类别的唯一判别标准即为入库尾矿的状态。尾矿根据其含水率不同，可分为流动、不流动状态。当含水率很大时，尾矿呈浆体状态，极易流动，称其处于流动状态，此时可以称为浆体；当含水率逐渐变小，尾矿浆变稠，体积收缩，其流动能力减弱，逐渐进入不流动状态。必须指出，尾矿从一种状态转变为另一种状态是逐渐过渡的，并无明确界限，不同尾矿其界限也是不明确的，目前工程上需要通过相关试验测定这些界限含水率。

大多数尾矿以浆体状态从选矿厂排出，有的尾矿直接输送至尾矿库进行排放，有的尾矿需要采用浓密设备浓密后再排入尾矿库。无论其入库浓度是多少，只要尾矿进入尾矿库时处于流动状态，尾矿在尾矿库内是自然流动到所要排放位置的尾矿库，均属于湿式尾矿库，包括入库尾矿达到膏体状态的。反之，入库尾矿不具自然流动性，需要采用机械排放至所要排放位置的尾矿库属于干式尾矿库。需要指出的是，干式尾矿库并不能够排放所有不流动状态的尾矿，具体入库尾矿的含水率需要根据试验确定。对于湿式尾矿库采用机械堆坝的部分不适用于此判别标准。

3.4

一次建坝　one – step constructed dam

全部用除尾矿以外的筑坝材料一次或分期建造的尾矿坝。

【条文说明】

本条是关于一次建坝的定义。

尾矿坝从筑坝材料方面分为采用尾矿筑坝和不采用尾矿筑坝两种。所有不采用尾矿筑坝的尾矿坝在坝型上均属于一次建坝。一次建坝根据所使用筑坝材料不同可分为土石坝、砌石坝和混凝土坝等，对于采用废石筑坝的尾矿坝在类型上划分也属于一次建坝中的土石坝，只是土石料的来源不同。

一次建坝根据是否在坝前形成有效干滩直接挡水分为挡水坝和非挡水坝。由于挡水坝和非挡水坝的设计要求不同，某座一次建坝尾矿坝属于挡水坝还是非挡水坝是设计人员根据尾矿坝使用要求确定的，并按相应要求进行设计，在设计文件中予以明确，同时在生产运行过程中按相应要求进行管理。

4　设计依据

【条文说明】

尾矿库建设项目的设计、施工、竣工验收和生产管理都要依据国家法律、法规，地方法规，国家和行业及地方标准进行。安全设施设计中应该把设计依据列出，以便设计审查人员审查设计是否满足相关要求，也可作为是否通过安全设施设计审查的标准，以及工程建设、竣工验收的依据。

本章是关于尾矿库闭库项目安全设施设计报告中关于设计依据的规定，安全设施设计报告中需要单独设置一章。

4.1 设计依据的安全生产法律、法规、规章和规范性文件

4.1.1 设计依据中应列出闭库安全设施设计依据的有关安全生产的法律、法规、规章和规范性文件。

4.1.2 国家法律、行政法规、地方性法规、部门规章、地方政府规章、国家和地方规范性文件应分层次列出，并标注其文号及施行日期，每个层次内按发布时间顺序列出。

4.1.3 依据的文件应现行有效。

【条文说明】

安全设施设计报告中应设置单独的节列出设计依据的安全生产有关法律、法规、规章和规范性文件。罗列相关文件时，应按国家法律、行政法规、地方性法规、部门规章、地方政府规章、规范性文件分层次列出；同一层次文件按发布时间进行排序，发布时间晚的排列在前面，发布时间早的排列在后面。

所有文件应标注清楚相关信息，使其条理清晰，便于查阅和审查。国家法律、行政法规、地方性法规以国家主席令、国务院令、地方人大公告或地方政府令的形式予以发布，有明确的施行日期，引用时应标注施行日期；部门规章和地方行政规章以政府公文的形式发布，发布时标有唯一的公文文号，引用时应标注其文号。

所列法规文件应与本项目安全设施设计相关，具有针对性，并为现行有效，与安全设施设计无关的及已经废止、废除或被替代的文件不得作为设计依据。

审查时应核对列出的相关法律、法规、规章和规范性文件是否现行有效，是否可作为该建设项目的设计依据。

4.2 设计采用的主要技术标准

4.2.1 设计中应列出设计采用的技术性标准。

4.2.2 国家标准、行业标准和地方标准应分层次列出，标注标准代号；每个层次内按照标准发布时间顺序排列。

4.2.3 采用的标准应现行有效。

【条文说明】

安全设施设计报告中应设置单独的节列出设计采用的技术性标准，技术性标准包括国家标准、行业标准、地方标准。罗列标准时，应按国家标准、行业标准和地方标准分层次列出，同一层次标准按发布时间进行排序，发布时间晚的排列在前面，发布时间早的排列在后面。

所有标准应标注清楚其相关信息，使其条理清晰，便于查阅和审查，相关信息包括标准名称、标准代号及发布时间。

所列标准应与建设项目安全设施设计或安全生产相关，并为现行有效，与安全设施设计无关的及已经废止或废除的技术文件不得作为设计依据。

审查时应核对列出相关国家标准、行业标准和地方标准是否现行有效，是否可作为该建设项目的设计依据。

4.3 其他设计依据

4.3.1 列出建设项目设计依据的安全现状评价报告、各阶段岩土工程勘察报告、试验报告、质量检测报告、研究报告等，并标注报告编制单位和编制时间。

4.3.2 岩土工程勘察报告应达到详细勘察的程度。

【条文说明】

其他设计依据是指安全设施设计所依据的技术性文件及已经完成的用于支持安全设施设计的试验、研究成果等，包括建设项目安全现状评价报告、相关的岩土工程勘察报告等。未进行专门动力抗震计算的二等及以上尾矿库，应包括尾矿坝动力稳定分析研究报告。尾矿库闭库后现有排洪设施仍然继续使用的，还应包括利旧排洪设施的质量检测报告。其主要目的是对项目已经完成的相关工作进行说明，便于对安全设施设计的可靠性和全面性进行把握。

尾矿库岩土工程勘察报告的深度直接关系到安全设施设计的可靠性和安全性，安全设施设计依据中的岩土工程勘察报告应达到详细勘察的深度。

审查时应重点核实支持安全设施设计的技术性文件是否足够，结果是否可信，深度是否满足要求。

5 工程概述

5.1 尾矿库基本情况

5.1.1 尾矿库基本情况应简述以下内容：

——企业基本情况，说明建设单位简介、隶属关系、历史沿革等；

——尾矿库的历史沿革、使用情况、安全现状及闭库原因等；

——尾矿库所处地理位置、自然环境、气象条件及地震资料等。

5.1.2 尾矿库基本情况还应简述尾矿库建设项目安全设施设计情况，包括总库容、总坝高、等级、贮存尾矿类别、安全设施等，并列出主要技术指标，相关内容应参照《非煤矿山建设项目安全设施设计编写提纲　第4部分：尾矿库建设项目安全设施设计编写提纲》（KA/T 20.4—2024）表1的内容。

表1 设计主要技术指标表

序号	指 标 名 称	单位	数 量	说明
1	尾矿库			
	占地面积	hm^2		
	汇水面积	km^2		
	总库容	万 m^3		
	总坝高	m		
	堆存方式		如干堆、湿堆（低浓度、高浓度、膏体）	
	等别			
2	尾矿坝			
2.1	初期坝（干式堆存尾矿库的拦挡坝、一次建坝的一期坝）			
	坝型			
	坝顶标高	m		
	坝顶宽度	m		
	坝高	m		
	上游坡比			
	下游坡比			
2.2	堆积坝			
	筑坝方式			
	堆积坝高	m		
	最终坝顶标高	m		
	平均堆积外坡比			
2.3	副坝			
	坝型			
	坝顶标高	m		
	坝顶宽度	m		
	坝高	m		
	上游坡比			

表1（续）

序号	指标名称	单位	数量	说明
	下游坡比			
3	截排洪系统			
3.1	库外截排洪设施			
	截排洪型式		如拦洪坝＋排洪隧洞	
	拦洪坝		坝型、坝顶宽度、坝顶标高、坝高、上下游坡比	
	排洪隧洞		净断面尺寸、长度、坡度、进水口标高、出口标高	
	消力池		净断面尺寸	
3.2	库内排水设施			
	排水形式		如排水井＋隧洞	
	排水井			
	形式		如框架式排水井	
	直径	m		
	进水口标高	m		
	井顶标高	m		
	井高	m		
	竖井直径	m		
	竖井深度	m		
	排水斜槽		1号排水斜槽	
	净断面尺寸	m		
	最低进水口标高	m		
	最高进水口标高	m		
	长度	m		
	坡度	%		
	排水隧洞			
	形式		如城门洞型	
	净断面尺寸	m		

表1（续）

序号	指标名称	单位	数量	说明
	长度	m		
	坡度	%		
	进水口标高	m		
	出口标高	m		
	排水管		型式、净断面尺寸、长度、坡度，进口标高、出口标高	
	溢洪道		净断面尺寸、长度、坡度、进水口标高、出口标高	
	消力池		净断面尺寸	
4	维护设施			
4.1	坝坡维护设施			
	马道			
	高差	m		
	宽度	m		
	护坡			
	护坡型式		石料、土料、土石料等	
	护坡厚度	m		
	排水系统			
	坝肩截水沟		型式、净断面尺寸、坡度	
	竖向排水沟		型式、净断面尺寸、坡度	
	纵向排水沟		型式、净断面尺寸、坡度	
4.2	库内维护设施			
	覆土厚度	m		
	网状排水沟		型式、净断面尺寸、坡度	

【条文说明】

要求对尾矿库的主要设计情况进行简要说明，尽可能做到简单、清晰、明确，便于相关人员对建设项目的基本设计情况有一个客观、准确的认识。正文中表1所列内容主要为5.3.2条中所提闭库后设计的主要技术指标范例，本条表格相关内容应参照《非煤矿山建设项目安全设施设计编写提纲　第4部分：尾矿库建设项目安全设施设计编写提纲》（KA/T 20.4—2024）表1的内容。维护设施根据设计情况参照表1填写。

安全设施设计编写时可根据表格的内容和提示，结合尾矿库的实际情况进行填写。该尾矿库没有的项目可以在表格中删除，如一些尾矿库没有副坝，则表格中的副坝部分就应删除，这样可以使表格简洁和一目了然。关于表格中各项的填写说明详见《非煤矿山建设项目安全设施设计编写提纲　第4部分：尾矿库建设项目安全设施设计编写提纲》（KA/T 20.4—2024）表1的解读。

5.2　尾矿库地质与建设条件

5.2.1　工程地质与水文地质编写应满足下列要求：

——工程地质条件应简述尾矿库库区的地层岩性、区域地质构造，尾矿库坝址及排洪系统的工程地质条件，各层岩土渗透性及物理力学性质指标，尾矿堆积坝的成分、颗粒组成、密实程度、沉（堆）积规律、堆积尾矿的渗透性及物理力学性质指标等。简述尾矿库库区及库周影响尾矿库安全的不良地质条件；

——水文地质条件应简述库区地表水和地下水的成因、类型、水量大小及其对工程建设的影响，水和土对建筑材料的腐蚀性。说明尾矿坝现状坝体内的浸润线位置及变化规律等；

——地质勘察报告结论及建议应简述工程地质与水文地质勘察的结论及建议；对于增设排洪设施的，论述地质条件对增设排洪设施的影响。

【条文说明】

本节主要是对该建设项目的工程地质及水文地质进行说明，该部分内容可根据项目的工程勘察资料进行编写。对工程勘察资料进行总结、提炼、概述，应突出重点，而不是通篇照抄。

尾矿库闭库工程应对现有尾矿坝各岩土层各项物理力学指标进行重点描述；对于增设排洪系统的，根据工程地质勘察的结论及建议，对工程建设的适宜性、不良地质作用对工程建设的影响，地表水及地下水对工程建设的影响等进行综合论述；通过阐述工程地质和水文地质条件为尾矿坝稳定性分析及相应的安全设施设置是否合理提供依据。

尾矿库岩土工程勘察应符合有关国家标准要求，符合工程建设详细勘察阶段的要求，正确反映工程地质和水文地质条件，查明不良地质作用、地质灾害及影响尾矿库和各构筑物安全的不利因素，提出工程措施建议，形成资料完整、评价正确、建议合理的勘察报告。

尾矿库闭库工程中进行尾矿堆积坝岩土工程勘察时，勘察应符合下列要求：查明尾矿堆积坝的成分、颗粒组成、密实程度、沉（堆）积规律、渗透特性；查明堆积尾矿的工程特性；查明尾矿坝坝体内的浸润线位置及变化规律；分析尾矿坝坝体的稳定性；分析尾矿坝在地震作用下的稳定性和尾矿的地震液化可能性。

《尾矿库安全规程》（GB 39496）规定：尾矿库闭库勘察，除应对尾矿坝进行勘察外，还应对周边影响尾矿库安全的不良地质现象进行勘察。

审查时应详细了解该项目的工程地质、水文地质以及现状尾矿堆积坝的特点，并对安全设施设计中提出的影响尾矿库闭库安全的工程地质及水文地质防范治理措施的有效性、可行性、勘察报告编制深度进行审查。

5.2.2 影响闭库后尾矿库安全的主要自然客观因素，列出影响闭库后尾矿库安全的主要自然客观因素，根据尾矿库实际情况对高寒、高海拔、复杂地形、高陡边坡、洪水、地震等进行有针对性的说明。

【条文说明】

应根据项目特点，在安全设施设计时，对影响闭库后尾矿库安全的特殊自然危险因素进行重点论述，以引起设计和生产单位的重视，并提出有效防范和治理措施，确保闭库后尾矿库安全。

审查时应核实影响闭库后尾矿库安全的主要自然客观因素是否全部列出，提出的防范和治理措施是否有效、可行。

5.2.3 尾矿库周边环境，简述尾矿库周边环境情况，包括周边的工业设施、生产生活场所及主要水系与本项目的距离及其相关情况。

【条文说明】

对尾矿库的周边情况进行描述，尾矿库周边设施的位置、与本项目的距离等信息应准确给出，周边主要水系是否属于长江、黄河等主要河流的干流或主要支流应明确给出说明。

审查时应核实设计文件中描述的尾矿库周边环境是否与实际相符，与长江、黄河干流或主要支流的距离应重点关注。

5.3 工程设计概况

5.3.1 简述尾矿库堆存方式、筑坝方式及闭库后库容、坝高、等别、尾矿坝、防排洪系统、排渗设施、维护设施、安全监测设施、辅助设施、工程总投资等情况。

5.3.2 列出闭库后设计的主要技术指标，相关内容可参考表1。新增的闭库措施在说明部分加以说明。

5.3.3 说明尾矿库闭库的完成时限要求。

【条文说明】

要求对尾矿库的主要设计情况进行简要说明，其目的是使相关人员对项目的建设内容进行全面了解和把握，以便于下一步的查阅和审查工作。

要求用表格的形式列出项目的主要技术参数。项目技术要点和参数汇总采用表格的形式列出，闭库后尾矿库排洪系统的利旧设施、增设排洪系统应在说明部分进行说明，便于相关人员快速了解项目主要技术内容和特点，以及审查、验收工作的高效进行。

安全设施设计编写时可根据表格的内容和提示，结合尾矿库的实际情况进行填写，该尾矿库没有的项目可以在表格中删除，如一些尾矿库没有副坝，则表格中的副坝部分就应删除，这样可以使表格简洁和一目了然。

尾矿库闭库的完成时限指安全设施设计审批后到安全设施验收前。

6　本项目安全现状评价报告安全对策采纳及前期开展的科研情况

6.1　安全现状评价报告提出的安全对策与采纳情况

用表格形式列出安全现状评价报告中提出的安全对策，简要说明采纳情况，对于未采纳的应说明理由。

【条文说明】

根据《中华人民共和国安全生产法》和原国家安全生产监督管理总局相关文件，金属非金属矿山尾矿库闭库建设项目要编制安全现状评价报告。安全现状评价报告根据尾矿库现状进行了相应的模拟、分析和评价，并提出意见和建议。在安全设施设计中，要对安全现状评价报告的意见进行分析，将建议内容纳入安全设施设计中，以保证项目安全设施设计更加完善。由于安全现状评价报告提出的建议和措施不一定都能够得到落实，有些也不一定合适，安全设施设计中要对安全现状评价报告的建议和措施进行分析，不予采纳的要给出理由，采纳的要说明是如何采纳的。这样就能实现项目审查程序的无缝对接，真正发挥安全现状评价的作用。具体表述格式可按表 6.1－1 进行。

表 6.1－1　安全现状评价报告中补充和完善的安全对策措施与建议

序号	安全现状评价报告中补充和完善的安全对策措施与建议	落实情况	说明及备注
1			
2			
…			

审查重点是对安全现状评价报告中提出的建议的采纳情况，以及没有采纳建议的理由的可靠性和充分性。

6.2　本项目前期开展的尾矿库闭库方面科研情况

叙述本项目前期开展的尾矿库闭库科研工作及成果，以及有关科研成果在本项目安全设施设计中的应用情况。

【条文说明】

在建设项目前期工作的开展过程中，会存在一些不能依靠经验或其他已有项目做法进行决策的问题，需要开展相关的专题研究工作，并将研究成果应用于项目的设计中，以保证项目的建设和生产能够顺利进行。当开展的专题研究与安全相关时，需要在此列出，并简述研究成果及其在设计中的应用情况，为相应部分的安全设施设计提供依据。

《尾矿库安全规程》（GB 39496）规定：未进行专门动力抗震计算的二等及以上尾矿库，闭库阶段应进行专门的动力抗震计算。

7 安全设施设计

7.1 尾矿坝

7.1.1 对于有多个尾矿坝的，本节应针对每个尾矿坝依次说明。

【条文说明】

当尾矿库包括多座尾矿坝时，各座尾矿坝是相对独立的，其筑坝方式、构筑物级别及地质条件等都不相同，安全设施设计需根据各尾矿坝的级别、筑坝方式按同等要求依次说明设计情况。

7.1.2 尾矿坝现状描述应满足下列要求：

——说明尾矿坝筑坝方式、结构参数、坝外坡坡比及坝面维护设施等；

——对于采用尾矿筑坝的，应针对非尾矿堆积坝和尾矿堆积坝分别说明。

【条文说明】

上述两条要求主要针对尾矿坝现状情况进行详细说明。对于非尾矿堆积坝应说明筑坝材料。

审查重点是尾矿坝现状筑坝方式、结构参数、坝外坡坡比、坝面维护设施等的说明是否全面。

7.1.3 尾矿坝闭库工程措施的编写应满足下列要求：

——说明闭库后坝外坡坡比及坝面维护设施相关参数，坝面维护设施主要包括护坡、坝面排水沟、坝肩截水沟、马道、踏步；

——需要进行坝体加固处理的，应说明加固处理方式及主要技术参数；对于需要降低浸润线的，说明降低浸润线的措施，需要增加排渗设施的，应给出排渗设施的型式；

——坝体存在塌陷、裂缝、冲沟需要整治的，应给出整治方式及主要技术参数；

——说明坝坡维护设施需要完善的部分及完善要求。

【条文说明】

上述四条均属于尾矿坝闭库工程措施，尾矿库闭库时还应对尾矿坝存在的隐患进行排查治理，在尾矿坝闭库工程措施中体现。

《尾矿库安全规程》（GB 39496）规定：尾矿库存在生产安全事故隐患的，闭库设计应包含生产安全事故隐患的治理措施。

《尾矿库安全规程》（GB 39496）规定：尾矿坝闭库工程措施应包括下列内容：对坝体稳定性不足的，应采取加固坝体、降低浸润线等措施，使坝体稳定性满足本标准要求；整治坝体的塌陷、裂缝、冲沟；完善坝面排水沟和土石覆盖或植被绿化、坝肩截水沟、监测设施等。

审查重点包括尾矿坝隐患是否排查治理；坝面维护设施是否全面合理；坝体加固措施和排渗设施是否安全可靠、有效；坝体塌陷、裂缝、冲沟的整治内容是否合理可行。

7.1.4　稳定性分析的编写应满足下列要求：

——尾矿坝的稳定性分析应根据尾矿库闭库等别，针对闭库前后分别计算分析；

【条文说明】

尾矿库闭库需要对尾矿库库区、尾矿坝以及排洪设施进行综合整治，闭库前后尾矿坝的形态和安全控制要求会发生一定变化，因此要求针对尾矿库闭库等别，选取典型工况对闭库前后尾矿坝稳定性分别进行计算分析。

审查重点是尾矿坝是否在闭库前后都进行了稳定计算，典型运行工况选择是否合理。

——简述计算断面概化的依据，闭库前后各种荷载的组合，选取的各土层的物理力学指标；

【条文说明】

除采用一次建坝建设的尾矿坝，通常尾矿坝是利用尾矿自然沉积而形成的坝，坝体材料错综复杂，尾矿库闭库前，虽然要求对其进行详细的工程地质勘察，但由于闭库前库内仍存在大面积水域，造成勘察工作难以实施，勘察工作具有一定的局限性，尾矿坝稳定计算断面可能需要进行概化。坝体、坝基内抗剪强度指标及其他性能相近的材料可概化合并为一个分区，相差明显的材料不应进行概化合并，软弱夹层应单独分区。概化分区应能反映土工材料防渗层对坝体稳定产生的不利影响。

尾矿库闭库前后尾矿坝稳定分析各土层的物理力学指标应根据勘察资料确定。尾矿库闭库前后典型运行工况和荷载组合也不尽相同，应根据尾矿库自身特点予以确定。

闭库尾矿库的尾矿坝计算断面概化分区及各区尾矿的物理力学性质指标应根据勘察资料确定。

《尾矿库安全规程》（GB 39496）规定：闭库设计应对闭库前后的尾矿库安全性进行分析，并应提出相应的闭库工程措施。

审查重点是闭库前后尾矿坝的计算断面概化是否合理，选取的物理力学指标是否合适，各运行条件下的荷载组合是否正确。

——进行尾矿坝抗滑稳定计算，给出典型计算剖面的稳定计算简图，列出尾矿坝在各运行期各种计算工况下的安全系数及与规范要求的符合性。对于尾矿库采用水平防渗的，抗滑稳定计算中应考虑防渗设施对坝体稳定的影响；

【条文说明】

尾矿坝抗滑稳定计算方法应采用简化毕肖普法或瑞典圆弧法；给出尾矿坝稳定计算的结果，稳定计算的结果可列表给出，应包括以下参数：计算剖面、采用的计算方法、规范要求的最小安全系数、计算的最小安全系数、是否满足规范要求等，并给出典型计算剖面的稳定计算简图。稳定计算应至少包括 3 个典型断面，包括最大坝高断面、两岸岸坡坝段的代表性断面、地形地质条件差异较大的代表性断面。当尾矿库采用人工防渗材料防渗时，坝体稳定区域的人工材料会对坝体安全产生影响，在抗滑稳定计算中应考虑人工防渗材料对坝体稳定的影响。对于坝基或坝体内有软弱夹层、土工材料防渗层影响坝坡抗滑稳定等情况，应采用规范要求的计算方法进行校核。

《尾矿库安全规程》（GB 39496）规定：尾矿库初期坝与堆积坝的抗滑稳定性应根据坝体材料及坝基的物理力学性质经计算确定，计算方法应采用简化毕肖普法或瑞典圆弧法，地震荷载应按拟静力法计算。尾矿库挡水坝应根据相关规范进行稳定计算。尾矿坝应满足静力、动力稳定要求，尾矿坝应进行稳定性计算，坝坡抗滑稳定的安全系数不应小于表 7 规定的数值，位于地震区的尾矿库，尾矿坝应采取可靠的抗震措施。

审查重点是计算出的尾矿坝抗滑稳定滑动面是否满足常规规律，各运行期各运行条件下尾矿坝的抗滑稳定是否满足规范规定的坝坡抗滑稳定最小安全系数要求。抗滑稳定计算中是否考虑人工防渗材料对坝体稳定的影响。

——根据尾矿坝的级别及尾矿库所在地区的地震烈度，按有关规定要求进行尾矿坝的动力抗震计算；

【条文说明】

位于地震区的尾矿坝，还应进行尾矿坝（副坝）的动力抗震计算，确保尾矿坝（副坝）在地震情况下的安全。

《尾矿库安全规程》（GB 39496）规定：地震荷载应按拟静力法计算。尾矿库挡水坝应根据相关规范进行稳定计算。尾矿坝动力抗震计算应按下列要求进行：对于1级及2级尾矿坝的抗震稳定分析，除应按拟静力法计算外，还应进行专门的动力抗震计算，动力抗震计算应包括地震液化分析、地震稳定性分析和地震永久变形分析；位于地震设计烈度为Ⅶ度地区的3级尾矿坝和设计烈度为Ⅶ度及Ⅶ度以上地区的4级和5级尾矿坝，地震液化可采用简化计算分析法；3级尾矿坝地震液化分析结果不利时，还应进行动力抗震计算；位于地震设计烈度为Ⅸ度地区的各级尾矿坝或位于Ⅷ度地区的3级及3级以上的尾矿坝，抗震稳定分析除应采用拟静力法外，还应采用时程法进行分析。

《尾矿库安全规程》（GB 39496）规定：未进行专门动力抗震计算的二等及以上尾矿库，闭库阶段应进行专门的动力抗震计算。

审查重点是对于地震区的尾矿坝是否按要求进行了相应的抗震计算，抗震结果是否满足稳定要求。

——根据计算结果说明尾矿坝的安全性，并给出尾矿坝坝体设计控制浸润线。

【条文说明】

安全设施设计需根据前面的计算结果对所有尾矿坝的安全性进行说明，并根据尾矿坝的稳定计算结果，给出尾矿库闭库后尾矿坝坝体设计控制浸润线，以指导企业对尾矿坝的日常管理。

审查重点是给出的设计控制浸润线是否合理，能否满足指导企业安全管理的需要。

7.1.5 总结概述本节专用安全设施内容。

【条文说明】

根据《金属非金属矿山建设项目安全设施目录（试行）》（国家安全生产监督管理总局令第 75 号）的相关规定对尾矿坝的专用安全设施进行简单列举说明。

7.2 防排洪

7.2.1 防排洪设计中应说明闭库后尾矿库的防洪标准。防洪标准应根据闭库后尾矿库对下游可能造成的危害程度等因素，按设计规范进行选取。

【条文说明】

从目前尾矿库事故后的影响来分析，洪水漫顶造成尾矿坝溃坝带来的影响最大，尾矿库的防洪标准又是尾矿库防排洪设计的基础，因此应根据规范要求选择防洪标准。尾矿库防洪标准应根据尾矿库闭库时的等别等因素综合确定。

闭库尾矿库防洪标准应根据尾矿库闭库时的库容、坝高及周边环境，按《尾矿库安全规程》（GB 39496）相关规定确定。

审查重点是尾矿库闭库时的等别确定是否合理，防洪标准选择是否合理，特别注意根据尾矿库的周边情况，尾矿库的防洪标准是否要取上限甚至提高等别。

7.2.2 洪水计算应说明洪水计算所采用的基础资料、计算方法、计算公式、水文参数的选取，对于三等及以上尾矿库宜取两种以上计算方法进行洪水计算，并对计算结果进行分析。

【条文说明】

尾矿库洪水计算是尾矿库防洪设计的重要内容之一，要求说明尾矿库洪水计算所采用的基础资料、计算方法、计算公式、水文参数、计算结果等，对于三等及三等以上尾矿库宜取两种以上方法计算，原则上以各省水文图册推荐的计算公式为准或选取大值。水文参数根据计算方法可列表给出，常见的水文参数包括汇水面积、流域平均坡度、当地24 h平均降雨量等。计算结果应列表给出洪峰流量、洪水总量、洪水过程线，当采用不同计算方法计算时，应对计算结果的选取进行分析。

《尾矿库安全规程》（GB 39496）规定：尾矿库洪水计算应根据各省水文图集或有关部门建议的特小汇水面积的计算方法进行计算。当采用全国通用的公式时，应采用当地的水文参数。设计洪水的降雨历时应采用24 h。

审查重点是计算结果包含的内容是否齐全，计算方法的选择是否合理。

7.2.3 防排洪设施设计内容的编写应满足下列要求：

——根据现状评价报告、排洪设施质量检测报告及现场使用情况等，说明尾矿库排洪设施现状；

【条文说明】

尾矿库在闭库前，库内外设置的排洪系统已运行多年，通过现状评价、排洪设施质量检测和现场使用情况等资料，可较为准确地掌握排洪设施现状情况，对现有排洪系统是否可以继续安全使用做出初步判断。上述资料中的评价、检测或描述，需包括排洪设施的封堵设施。当排水井、斜槽等已使用完毕并进行封堵的，应对封堵体进行评价和检测；当排水井、斜槽等仍在正常运行的，应对已安装的拱板、盖板等进行评价和检测。

尾矿库闭库时还应对排洪设施现状存在的隐患进行排查治理，在排洪系统闭库工程措施中体现。

《尾矿库安全规程》（GB 39496）规定：尾矿库存在生产安全事故隐患的，闭库设计应包含生产安全事故隐患的治理措施。

审查重点为是否结合安全现状评价报告、质量检测报告和现场使用情况对尾矿库排洪设施现状进行了充分分析说明。

——根据现状尾矿库防洪能力复核结果和排洪设施现状情况，确定闭库后尾矿库已有防排洪系统的利用情况及增设排洪系统的布置。对于采用已有排洪设施的，应说明原排洪设施的可靠性；

【条文说明】

通过分析现状尾矿库防洪能力和现有排洪设施情况，掌握尾矿库防洪安全设施情况，在此基础上，进一步确定尾矿库闭库后防洪安全设施设计，为尾矿库闭库后排洪系统的整体设计提供条件。

为保证尾矿库闭库后的安全，安全设施设计前需要对排洪设施的利旧部分进行质量检测，确定其可用性和可靠性。

《尾矿库安全规程》（GB 39496）规定：根据防洪标准复核尾矿库防洪能力，当防洪能力不足时，应采取增大调洪库容或增建排洪系统等措施，必要时应增设溢洪道等地面排洪设施。

《尾矿库安全规程》（GB 39496）规定：闭库设计应对闭库前后的尾矿库安全性进行分析，并应提出相应的闭库工程措施。设计重点应包括尾矿库防洪能力复核及排洪系统闭库工程措施。

审查重点是现状尾矿库防洪能力分析情况、排洪设施利旧情况、增设排洪构筑物的布置是否合理，排洪系统的排水能力计算是否正确，排洪构筑物是否满足构造要求，抗冲能力是否满足要求等。

——根据尾矿库的排洪形式，计算排洪系统的排洪能力，对于进行水力模型试验的，应给出水力模型试验的结果，并说明设计采用的排洪能力值；

【条文说明】

要求通过水力计算给出排洪系统设计采用的排水能力值。对于进行水工模型或模拟试验的，需对比分析水力计算结果和水工模型或模拟试验的结果，并给出设计采用的排水能力值。排洪能力值宜采用泄洪曲线和列表的方式给出，其最大泄洪值应能够满足调洪演算的需要。

审查重点是排洪系统的排水能力计算是否正确，对特别复杂的排洪系统，是否进行了水工模型或模拟试验。

——给出闭库后尾矿库防排洪构筑物的断面型式，对于利用已有排洪设施的，给出加固处理方式，概述加固后结构强度复核；增设排洪系统的，概述排洪构筑物的结构计算，根据计算结果给出排洪构筑物的主要结构尺寸及配筋；说明排洪构筑物的基础处理要求；对于尾矿、尾矿水、尾矿库岩土体、尾矿库地下水对排洪构筑物有腐蚀作用的，应说明排洪构筑物采取的防腐措施；对于寒冷地区尾矿库，应说明构筑物抗冻采取的安全措施；

【条文说明】

为保证尾矿库闭库后的安全，安全设施设计前需要对排洪设施的利旧部分进行质量检测，确定其可用性，并为后续校核结构可靠性、加固处理以及结构强度复核提供依据。

对增设的排水井、排水斜槽、排水管、隧洞等排洪构筑物结构计算进行概述说明，包括各工况荷载、计算方法及计算结果等。

《尾矿库安全规程》（GB 39496）规定：尾矿库排洪构筑物应进行结构计算，结构计算应满足相应水工建筑物设计规范要求，排水井还应满足《高耸结构设计标准》（GB 50135）的相关要求；尾矿、尾矿水、尾矿库岩土体、尾矿库地下水对排洪构筑物有腐蚀作用的，应对排洪构筑物采取防腐措施。

《尾矿库安全规程》（GB 39496）规定：当原排洪设施结构强度不能满足要求或受损严重时，应进行加固处理；必要时应新建排洪设施，同时将原排洪设施进行封堵。

审查重点是结构可靠性复核内容、排洪构筑物结构计算各运行条件下的荷载组合是否正确；混凝土强度等级、结构尺寸、配筋是否合理；地基处理是否合理；防腐措施是否能够满足要求；寒冷地区抗冻安全措施是否合理。

——对于需要封堵的排洪构筑物，应说明封堵体的设计、封堵质量要求及封堵时期。

【条文说明】

尾矿库闭库后，对于需要封堵的原排洪设施部分应进行详细设计说明，主要包括排水井、斜槽等进水构筑物以及排洪隧洞、排洪涵管等过流构筑物的封堵。安全设施设计中要对封堵体的设计、封堵质量要求及封堵时期进行说明。封堵体设计时要根据尾矿库使用终了时状态进行荷载选择。

《尾矿库安全规程》（GB 39496）规定：排洪设施在终止使用时应及时进行封堵，封堵后应同时保证封堵段下游的永久性结构安全和封堵段上游尾矿堆积坝渗透稳定安全及相邻排水构筑物安全。排水井的封堵体不得设置在井顶、井身段。

审查重点包括封堵体的位置、封堵时期是否合理，封堵体设计荷载选择是否正确，封堵质量要求是否明确。

7.2.4 调洪演算应根据闭库后尾矿库库内实际形状计算出调洪库

容，采用水量平衡法进行调洪演算，给出调洪计算结论，说明尾矿库防排洪的安全性。

【条文说明】

尾矿库闭库后，正常运行条件下库内不应存水。但是在发生洪水时，短时间内库内仍存在一定的积水，通过排洪系统逐渐排出库外。因此应结合排洪系统能力、调洪库容和洪水标准进行详细的调洪演算。

对尾矿库的调洪演算进行详细说明，给出尾矿库调洪演算的方法及结果，根据调洪演算结果得出调洪演算的结论。调洪演算结果可列表给出防洪标准、调洪演算初始水位、最高洪水位、洪水升高值、最大下泄流量、安全超高、规范要求的安全超高等参数。

《尾矿库安全规程》（GB 39496）规定：尾矿库调洪演算应采用水量平衡法进行计算。尾矿库的一次洪水排出时间应小于 72 h。

《尾矿库安全规程》（GB 39496）规定：尾矿库闭库后，正常运行条件下库内不应存水。

审查重点是尾矿库调洪演算选择的调洪演算初始水位、调洪库容计算、沉积滩坡度的确定是否合理，是否采用水量平衡法进行调洪演算，调洪演算的结果能否满足防洪安全的要求。

7.2.5 总结概述本节专用安全设施内容。

【条文说明】

根据《金属非金属矿山建设项目安全设施目录（试行）》（国家安全生产监督管理总局令第 75 号）的相关规定对尾矿库闭库后防排洪的专用安全设施进行简单列举说明。

7.3 库区整治及维护设施

7.3.1 库区整治及维护设施应给出尾矿库库区整治及最终形状控制

要求、覆土及植被要求、网状排水沟的布置方式、结构型式、断面尺寸及坡度等。

【条文说明】

尾矿库闭库后的防洪安全与尾矿库库区最终形态密切相关，库区预留的调洪库容必须得到保证，因此库区最终形态的控制非常重要。在具体设计时，应根据实际情况提出具体要求。覆土、植被以及网状排水沟等内容既是环保设施，防止水土流失的重要手段，同时又是保证尾矿库闭库后库区形态的重要措施，因此需要详细说明。尾矿库复垦植被尽量选择适应当地生态系统的物种。

审查重点是库区整治及最终形状控制要求是否合理，植被要求是否适合当地生态系统，网状排水沟布置、结构型式、断面尺寸及坡度等是否合理。

7.3.2 总结概述本节专用安全设施内容。

【条文说明】

根据《金属非金属矿山建设项目安全设施目录（试行）》（国家安全生产监督管理总局令第75号）的相关规定对尾矿库库区维护设施的专用安全设施进行简单列举说明。

7.4 地质灾害及雪崩防护设施

7.4.1 说明根据工程地质情况及所处地区情况设置尾矿库泥石流防护设施、库区滑坡治理设施、库区岩溶治理设施、高寒地区的雪崩防护设施，给出相应设施的布置、型式、结构参数、基础处理等要求。

【条文说明】

尾矿库周边地质灾害及雪崩的发生不但会造成尾矿库管理人员伤

亡事故，还可能引起尾矿库的安全事故，如有些尾矿库事故是由于上游泥石流淤堵库内排水设施，造成尾矿库险情，甚至造成尾矿库溃坝，因此应根据尾矿库周边的地质灾害或雪崩情况，确定相应的防护设施，确保尾矿库闭库后的安全。

《尾矿库安全规程》（GB 39496）规定：尾矿库应采取防止泥石流、滑坡、树木杂物等影响泄洪能力的工程措施。

《尾矿库安全规程》（GB 39496）规定：闭库设计应对闭库前后的尾矿库安全性进行分析，并应提出相应的闭库工程措施。设计重点应包括下列内容：影响尾矿库安全的周边环境闭库工程措施。

《尾矿库安全规程》（GB 39496）规定：尾矿库存在生产安全事故隐患的，闭库设计应包含生产安全事故隐患的治理措施。

审查重点是对尾矿库周边影响尾矿库安全生产的地质灾害及雪崩是否分析全面，采取的防护措施是否合理、有效。

7.4.2　总结概述本节专用安全设施内容。

【条文说明】

根据《金属非金属矿山建设项目安全设施目录（试行）》（国家安全生产监督管理总局令第75号）的相关规定对尾矿库周边地质灾害及雪崩防护的专用安全设施进行简单列举说明。

7.5　排渗设施

7.5.1　说明尾矿库闭库后需要保留和增加的排渗设施；结合排渗设施及现状渗流情况说明排渗设施的设计是否满足尾矿坝坝体控制浸润线的要求。

【条文说明】

尾矿库闭库后一段时间内，坝体内仍存在较高的浸润线，为保证坝体稳定，闭库后需要保留原排渗设施，对由于原排渗设施失效等原因导致无法保证坝体内浸润线埋深要求的尾矿坝，应在闭库设计中增加排渗设施。

尾矿库排渗设施是有效降低尾矿坝浸润线，提高坝体稳定性的重要安全设施，根据尾矿库及尾矿坝的特点，确定尾矿库闭库后的排渗方式及新增排渗设施的建设时期，使尾矿坝的浸润线处于设计控制浸润线以下。

《尾矿库安全规程》（GB 39496）规定：尾矿坝应满足渗流控制的要求，尾矿坝的渗流控制措施应确保浸润线低于控制浸润线。

审查重点是根据尾矿坝的渗流及稳定计算结果，判断尾矿坝的排渗设施设置是否合理，能否达到渗流稳定及降低坝体浸润线的要求。

7.5.2　总结概述本节专用安全设施内容。

【条文说明】

根据《金属非金属矿山建设项目安全设施目录（试行）》（国家安全生产监督管理总局令第75号）的相关规定对尾矿坝排渗设施的专用安全设施进行简单列举说明。

7.6　安全监测设施

7.6.1　说明闭库后尾矿库需要保留和完善的安全监测设施的设置情况，应包含库区气象监测、地质灾害监测、库水位监测、坝体位移监测、坝体渗流监测及视频监控等。

7.6.2　说明尾矿坝位移监测、渗流监测的监测断面，给出各监测项目的监测点位及数量等。

7.6.3　说明在线监测系统的设置情况。

【条文说明】

尾矿库安全监测设施是防止尾矿库发生重大安全事故，提前预警的重要安全生产设施，主要包含坝体位移监测、坝体渗流监测、库水位监测及视频监控等内容，需对这部分内容进行重点叙述。

尾矿坝位移监测、渗流监测是尾矿库安全监测的重点，需要对这部分内容进行详细说明。

在线监测系统除需要具备获取基础的监测数据功能外，还要设置监控中心，进行系统集成，并配备通信、供电等设施，安全设施设计需要对上述内容加以说明。

《尾矿库安全规程》（GB 39496）规定：尾矿库应设置人工安全监测和在线安全监测相结合的安全监测设施，人工安全监测与在线安全监测监测点应相同或接近，并应采用相同的基准值。监测设施横剖面应结合尾矿坝稳定计算断面布置，监测设施的布置还应满足下列原则：应全面反映尾矿库的运行状态；尾矿坝位移监测点的布置应根据稳定计算结果延伸到坝脚以外的一定范围；坝肩及基岩断层、坝内埋管处必要时应加设监测设施。

《尾矿库安全规程》（GB 39496）规定：闭库设计应对闭库前后的尾矿库安全性进行分析，并应提出相应的闭库工程措施。设计重点应包括下列内容：监测设施闭库工程措施。

尾矿库闭库后，这些监测设施必须保留，不满足要求的应加以完善。

审查重点是尾矿库是否保留并完善了人工安全监测和在线安全监测相结合的安全监测设施；安全监测的内容是否齐全，安全监测设施的布置是否能够全面反映尾矿库的状态。

7.7 辅助设施

说明尾矿库闭库时需要保留及完善的辅助设施。包括交通道路、尾矿库通信设施、照明设施、管理站、报警系统等。

【条文说明】

《尾矿库安全规程》（GB 39496）规定：尾矿库应设置交通道路、值班室、应急器材库、通信和照明等设施。尾矿库应设置通往坝顶、排洪系统附近的应急道路，应急道路应满足应急抢险时通行和运送应急物资的需求，应避开产生安全事故可能影响区域且不应设置在尾矿坝外坡上。

交通道路、尾矿库通信设施、照明设施、管理站、报警系统等辅助设施也是保证尾矿库安全管理的必要设施，尾矿库闭库后，上述设施仍需保留，对于不满足要求的应加以完善。

审查重点是尾矿库的辅助设施设置是否齐全，是否满足尾矿库闭库安全管理的要求。

7.8 安全标志

说明尾矿库库区及周边应设置的符合要求的安全标志，包括尾矿库、交通、电气安全标志。

【条文说明】

尾矿库的周边环境不同，其危险因素不同，因此设置的安全标志也不相同。设计时可根据项目特点对重点危险区域（如库区潜在滑坡区域）的安全标志设置情况进行说明。

审查重点是安全设施设计中是否在重点危险区域设置了安全标志。

《尾矿库安全规程》（GB 39496）规定：生产经营单位应在尾矿库库区设置明显的安全警示标识。

8 闭库后安全管理要求

根据尾矿库闭库的实际情况提出闭库后尾矿库的具体管理要求，

同时列出闭库后尾矿库的主要控制指标，湿式尾矿库和干式尾矿库均包括库内控制的调洪高度、安全超高、各监测点的坝体控制浸润线、各项监测指标的预警值等。

【条文说明】

尾矿库经闭库治理后其长期安全稳定具备了基础，但要维持尾矿库长期安全状态还必须维护管理直至尾矿库销号。

本章要求列出尾矿库闭库后安全管理的主要控制指标，使管理单位与监管部门对影响尾矿库安全的主要控制指标一目了然，便于管理单位管理及监管部门监管。需要注意的是，由于不同位置浸润线监测剖面上堆积坝高度不同，控制浸润线的埋深可能有差异，所以各剖面的坝体控制浸润线需分别给出。可列表给出各控制指标。

审查重点是给出的主要控制指标是否齐全，核实本章给出的主要控制指标与前面分析得出的参数是否一致。

9 存在的问题和建议

9.1 提出设计单位能够预见的闭库后尾矿库可能存在并需要后期管理单位解决或需要引起重视的安全方面的问题及解决建议。

9.2 提出设计基础资料影响安全设施设计的问题及解决建议。

【条文说明】

尾矿库闭库后仍将长期存在，必须保证闭库后尾矿库的安全，因此设计单位会结合实际情况对尾矿库安全管理提出一些合理建议。另外，对设计阶段无法确定的潜在风险因素，也应在此提示并提出建议，指导管理单位应如何进行防范或开展相关研究工作。

安全设施设计是在已有资料的基础上进行的，如果基础资料不准确或发生变化，则原设计的内容可能不会满足新的变化，需要根据变化情况进行调整。设计中应对此类问题进行说明，并提出相关建议。

10　附件与附图

10.1　附件

安全设施设计依据的相关文件应包括建设项目安全设施设计审查意见书及批复文件的复印件或扫描件等。

【条文说明】

附件中应包括尾矿库闭库设计依据的相关文件，可以根据设计情况适当增加相关附件，主要包括但不限于如下内容：研究报告结论及评审意见、专项设计主要内容及评审意见、利旧排洪设施的检测报告等。

10.2　附图

10.2.1　附图应采用原始图幅，图中的字体、线条和各种标记应清晰可读，签字齐全，宜采用彩图。

10.2.2　附图应包括以下图纸（可根据实际情况调整，但应涵盖以下图纸的内容）：

——尾矿库周边环境图；

——尾矿库安全设施平面布置图；

——尾矿库维护设施平面布置图；

——尾矿库典型纵剖面图；

——排洪系统典型纵横剖面图；

——尾矿坝纵横断面图；

——维护设施典型剖面图；

——尾矿坝坝体设计控制浸润线剖面图；

——监测设施布置图。

【条文说明】

上述列出的图纸包含了尾矿库闭库设计的主要安全设施图纸，通过这些图纸中的信息，可以对项目设计情况有一个整体直观的认识，且要求的图纸与尾矿库闭库后的安全直接相关，因此设计报告中应按照要求进行附图。安全设施设计附图可根据实际情况适当调整，并不要求图名和数量与本节要求完全一致，只要内容涵盖上述要求即可。尾矿库周边环境图应包含尾矿库产生相互影响的设施；尾矿库典型剖面图应给出尾矿坝、排洪系统及相互关系；尾矿坝坝体设计控制浸润线剖面图应包括各剖面的正常运行控制浸润线和洪水运行控制浸润线。

所附图纸应该采用正常图幅大小，不要为装订方便而缩小图幅。由于有时图纸上的信息较多，采用彩图能够更加清晰地表达出相关信息，建议优先考虑采用彩图。

审查重点是附图是否齐全，图纸是否与设计说明相一致，是否能说明问题，工程布置是否正确，图纸内容是否清晰可读，图纸签字是否齐全。

附　录　A
（资料性）
尾矿库闭库项目安全设施设计编写目录

A.1　设计依据

A.1.1　设计依据的安全生产法律、法规、规章和规范性文件

A.1.2　设计采用的主要技术标准

A.1.3　其他设计依据

A.2　工程概述

A.2.1　尾矿库基本情况

A.2.2　尾矿库地质与建设条件

A.2.2.1　工程地质与水文地质

A.2.2.2　影响闭库后尾矿库安全的主要自然客观因素

A.2.2.3　尾矿库周边环境

A.2.3　工程设计概况

A.3　本项目安全现状报告安全对策采纳及前期开展的科研情况

A.3.1　安全现状报告提出的安全对策与采纳情况

A.3.2　本项目前期开展的尾矿库闭库方面科研情况

A.4　安全设施设计

A.4.1　尾矿坝

A.4.1.1　尾矿坝现状

A.4.1.2 尾矿坝闭库工程措施

A.4.1.3 稳定性分析

A.4.2 防排洪

A.4.2.1 防洪标准

A.4.2.2 洪水计算

A.4.2.3 防排洪设施

A.4.2.4 调洪演算

A.4.3 库区整治及维护设施

A.4.4 地质灾害及雪崩防护设施

A.4.5 排渗设施

A.4.6 安全监测设施

A.4.7 辅助设施

A.4.8 安全标志

A.5 闭库后安全管理要求

A.6 存在的问题及建议

A.7 附件与附图

A.7.1 附件

A.7.2 附图

【条文说明】

上述列出了尾矿库闭库项目安全设施设计编制时，应采用的编写目录。

附录一　第4部分：尾矿库建设项目安全设施设计编写提纲

1　范围

本文件规定了尾矿库建设项目安全设施设计编写提纲的设计依据、工程概述、本项目安全预评价报告建议采纳及前期开展的科研情况、尾矿库主要安全风险分析、安全设施设计、安全管理和专用安全设施投资、存在的问题和建议、附件与附图。

本文件适用于尾矿库建设项目安全设施设计，章节结构应按附录A编制。

2　规范性引用文件

下列文件中的内容通过文中的规范性引用而构成本文件必不可少的条款。其中，注日期的引用文件，仅该日期对应的版本适用于本文件；不注日期的引用文件，其最新版本（包括所有的修改单）适用于本文件。

GB 39496　尾矿库安全规程

3 术语和定义

下列术语和定义适用于本文件。

3.1

尾矿库 tailings pond

用以贮存金属、非金属矿山进行矿石选别后排出尾矿的场所。

3.2

湿式尾矿库 wet tailings pond

入库尾矿具有自然流动性，采用水力输送排放尾矿的尾矿库。

3.3

干式尾矿库 dry tailings pond

入库尾矿不具自然流动性，采用机械排放尾矿且非洪水运行条件下库内不存水的尾矿库。

3.4

一次建坝 one-step constructed dam

全部用除尾矿以外的筑坝材料一次或分期建造的尾矿坝。

4 设计依据

4.1 设计依据的批准文件和相关的合法证明文件

在设计依据中应列出所服务矿山的采矿许可证。

4.2 设计依据的安全生产法律、法规、规章和规范性文件

4.2.1 设计依据中应列出安全设施设计依据的有关安全生产的法律、法规、规章和规范性文件。

4.2.2 国家法律、行政法规、地方性法规、部门规章、地方政府规

章、国家和地方规范性文件应分层次列出，并标注其文号及施行日期，每个层次内按发布时间顺序列出。

4.2.3　依据的文件应现行有效。

4.3　设计采用的主要技术标准

4.3.1　设计中应列出设计采用的技术性标准。

4.3.2　国家标准、行业标准和地方标准应分层次列出，标注标准代号；每个层次内按照标准发布时间顺序排列。

4.3.3　采用的标准应现行有效。

4.4　其他设计依据

4.4.1　列出建设项目设计依据的可行性研究报告、安全预评价报告、安全现状评价报告、地质灾害危险性评估报告、相关的岩土工程勘察报告、质量检测报告、试验报告、研究报告等，并标注报告编制单位和编制时间。

4.4.2　岩土工程勘察报告应达到详细勘察的程度。

5　工程概述

5.1　尾矿库基本情况

5.1.1　尾矿库基本情况应简述以下内容：

——企业基本情况，说明建设单位简介、隶属关系、历史沿革等；

——尾矿库所处地理位置、自然环境、气象条件及地震资料等；

——尾矿库地形地貌情况，说明尾矿库岸坡坡度、库底平均纵坡，植被情况，库内现有设施与居民情况。

5.1.2　改扩建尾矿库基本情况还应包括以下内容：

——尾矿库历史沿革；
——原设计情况，包括总库容、总坝高、等级、贮存尾矿特性等，并列出原设计的主要技术指标，相关内容应参照表1；
——生产运行情况及安全现状等。

表1　设计主要技术指标表

序号	指标名称	单位	数　　量	说明
1	尾矿堆存工艺条件			
	尾矿密度	t/m^3		
	堆存总尾矿量	万 t		
	设计尾矿堆积干密度	t/m^3		
	尾矿粒度			
	堆存方式		如干堆、湿堆（低浓度、高浓度、膏体）	
	排放方式		如坝前排放、库尾排放等	
	排放重量浓度	%		
	工作制度	d/a		
		班/d		
		h/班		
2	尾矿库			
	占地面积	hm^2		
	汇水面积	km^2		
	总库容	万 m^3		
	总坝高	m		
	服务年限	a		
	等别			
3	尾矿坝			
3.1	主坝			
3.1.1	初期坝		干式堆存尾矿库的拦挡坝、一次建坝的一期坝	

表1（续）

序号	指标名称	单位	数　量	说明
	坝型			
	坝顶标高	m		
	坝顶宽度	m		
	坝高	m		
	上游坡比			
	下游坡比			
3.1.2	堆积坝			
	筑坝方式		尾矿筑坝或一次建坝	
	堆积坝高或总坝高	m		
	最终坝顶标高	m		
	平均堆积外坡比			
3.1.3	拦砂坝			
	坝型			
	坝顶标高	m		
	坝顶宽度	m		
	坝高	m		
	上游坡比			
	下游坡比			
3.2	1号副坝			
……	……			
4	截排洪系统			
4.1	库外截排洪设施			
	截排洪型式		如拦洪坝+排洪隧洞	
	拦洪坝		坝型、坝顶宽度、坝顶标高、坝高、上下游坡比	
	排洪隧洞		净断面尺寸、长度、坡度、进水口标高、出口标高	

表 1（续）

序号	指标名称	单位	数　量			说明
	截洪沟		净断面尺寸、长度、坡度、进水口标高、出口标高			
	排水井		型式（如框架式排水井）、直径、最低进水口标高、井顶标高、井高、竖井深度、竖井直径			
	溢洪道		净断面尺寸、长度、坡度、进水口标高出口标高			
	消力池		净断面尺寸			
4.2	库内排水设施					
	排水形式		如排水井＋隧洞			
	排水井		1 号排水井	2 号排水井	……	
	形式		如框架式排水井			
	直径	m				
	最低进水口标高	m				
	井顶标高	m				
	井高	m				
	竖井直径	m				
	竖井深度	m				
	排水斜槽		1 号排水斜槽	2 号排水斜槽	……	
	净断面尺寸	m				
	最低进水口标高	m				
	最高进水口标高	m				
	长度	m				
	坡度	%				

表1（续）

序号	指标名称	单位	数量			说明
	排水隧洞		主隧洞	1号支洞	……	
	形式		如城门洞型			
	净断面尺寸	m×m				
	长度	m				
	坡度	%				
	进水口标高	m				
	出口标高	m				
	排水管		型式、净断面尺寸、长度、坡度，进口标高、出口标高			
	溢洪道		净断面尺寸、长度、坡度、进水口标高、出口标高			
	消力池		净断面尺寸			
5	尾矿库回水					
	回水方式		如库内浮船回水、坝下回水			

5.2 尾矿库地质与建设条件

5.2.1 工程地质与水文地质编写应满足下列要求：

——工程地质条件应简述尾矿库库区区域地质构造、地层岩性，尾矿库坝址及排洪系统等主要构筑物的工程地质条件，各层岩土渗透性及物理力学性质指标等。改扩建尾矿库还应说明现有尾矿堆积坝的成分、颗粒组成、密实程度、沉（堆）积规律、堆积尾矿的渗透性及物理力学性质指标等。简述尾矿库库区及库周影响尾矿库安全的不良地质作用；

——水文地质条件应简述库区地表水和地下水的成因、类型、水量大小及其对工程建设的影响，水和土对建筑材料的腐蚀性。改扩建尾矿库还应说明现有尾矿坝坝体内的浸润线位置及变化规律等；

——岩土工程勘察报告结论及建议应简述工程地质与水文地质勘察的结论及建议；重点论述地质条件对坝址及排洪系统等重要安全设施的影响、提出防治措施的建议及场地稳定性和工程建设适宜性评价。改扩建尾矿库应说明尾矿坝能否满足改扩建的要求。

5.2.2 影响尾矿库安全的主要自然客观因素应列出影响本项目生产安全的主要自然客观因素，根据尾矿库实际情况对高寒、高海拔、复杂地形、高陡边坡、洪水、地震及不良地质条件等进行有针对性的说明。

5.2.3 尾矿库周边环境应简述尾矿库周边环境情况，包括周边的重要设施、生产生活场所、居民点及主要水系与本项目的距离及其相关情况。

5.2.4 库址和堆存方式适宜性分析应包括下列内容：

——根据地质条件、影响尾矿库安全的主要自然客观因素、尾矿库周边环境及国家相关政策文件的要求对库址和堆存方式适宜性进行分析，根据分析结果，做出尾矿库库址和堆存方式适宜性判断；

——涉及搬迁的，应完成全部搬迁工作并说明搬迁完成情况；涉及采空区治理的，应说明采空区治理完成的时限要求。

5.3 工程设计概况

5.3.1 简述尾矿的特性（数量、粒度、浓度、固废类别等）、总体处置规划、工艺、建设计划、尾矿设施的总体布置等。

5.3.2 简述尾矿库类型、库容、坝高、等别、尾矿坝、防排洪系统、防排渗设施、尾矿排放方式、安全监测设施、辅助设施、入库尾矿指标（比重、粒度、浓度、压实度等）检测的内容及要求、工程总投资、专用安全设施投资、工作制度及劳动定员等情况；改扩建尾矿库简述利旧设施及废弃设施的处理情况，安全现状评价报告结论。

5.3.3 列出设计的主要技术指标，相关内容可参考表1；改扩建尾矿库应对利旧设施在表1说明部分加以说明。

5.3.4 说明尾矿库总体设计情况；分期实施的，分别说明每期设计情况。说明尾矿库基建期工程范围、运行期工程范围、建设进度计划及完成时限要求。

6 本项目安全预评价报告建议采纳及前期开展的科研情况

6.1 安全预评价报告提出的对策措施与采纳情况

用表格形式列出安全预评价报告中提出的需要在安全设施设计中落实的对策措施，简要说明采纳情况，对于未采纳的应说明理由。

6.2 本项目前期开展的安全生产方面科研情况

叙述本项目前期开展的与安全生产有关的科研工作及成果，以及有关科研成果在本项目安全设施设计中的应用情况。

7 尾矿库主要安全风险分析

7.1 根据地质条件、影响尾矿库安全的主要自然客观因素、尾矿库周边环境等因素，识别可能引起尾矿库尾矿坝溃坝、坝坡深层滑动、洪水漫顶、排洪设施损毁、排洪系统堵塞、下游人员伤亡、重要设施损毁等主要安全风险。

7.2 对尾矿库存在主要风险进行分析，并提出控制风险的对策措施。

8 安全设施设计

8.1 尾矿坝

8.1.1 尾矿坝设计内容的编写应满足下列要求：

——说明尾矿库共有几座尾矿坝，分别为主坝、1 号副坝、2 号副坝等；

——根据尾矿库等别、尾矿库库长、库底平均纵坡及地震烈度等条件分析筑坝方式合理性；

——当尾矿库包括多座尾矿坝时，各尾矿坝需依次说明；

——当尾矿坝或子坝的筑坝方法采用 GB 39496 规定以外的新工艺、新技术时，应充分了解、掌握其安全技术特性。说明坝的型式、结构参数、坝基处理、筑坝材料、筑坝要求及其他安全防护措施的控制要求。根据筑坝工艺开展相应的科研工作，确定其安全性分析的计算参数，并进行稳定性分析和其他有关安全性分析；

——具体编写应根据筑坝的技术特点，参照本节要求编写。

8.1.2 初期坝设计内容的编写应满足下列要求：

——说明初期坝（或干式堆存尾矿库的拦挡坝、一次性筑坝的一期坝）型式、结构参数、坝基处理、筑坝材料及筑坝要求等；

——给出筑坝材料来源，对于筑坝料场设置在尾矿库区的，应分析料场开采对尾矿库的安全影响。

8.1.3 堆积坝设计内容的编写应满足下列要求：

——说明后期筑坝所采用的筑坝方式、筑坝设备、材料、堆筑要求及坝面维护设施（堆积坝护坡、坝面排水沟、坝肩截水沟、马道、踏步）等；

——对于上游式尾矿筑坝法，应说明排放方式，尾矿堆积坝堆筑型式、上升速度及平均堆积外坡比，子坝堆筑型式、材料、结构参数及地基处理等；

——对于中线式、下游式尾矿筑坝法，应说明排放方式、尾矿堆积坝上升速度、各期的坝顶标高、临时边坡堆积坡比及最终下游坡面平均堆积外坡比，砂量平衡计算及筑坝尾砂质量要求；

——对于采用一次筑坝分期建设的，应说明后期坝各期的建设时期、结构参数、筑坝材料、坝基处理及筑坝要求等；对于筑坝料场设置在尾矿库区的，应分析料场开采对尾矿库的安全影响，利用废石建设后期坝的应给出废石量的平衡计算；

——干式堆存的尾矿，应说明干式尾矿的排矿筑坝方式，干式尾矿的平整和压实要求，入库尾矿的含水率、分层厚度、影响坝体稳定区域、压实指标，尾矿堆积坝临时边坡的堆积坡比、台阶高度、台阶宽度，坝体顶面坡向及坡度等内容，并说明特殊情况下尾矿排矿筑坝的要求；

——对于高寒地区尾矿筑坝应说明冬季放矿的要求。

8.1.4 拦砂坝设计应说明拦砂坝的型式、结构参数、坝基处理、筑坝材料及筑坝要求。

8.1.5 稳定性分析的编写应满足下列要求：

——尾矿坝的稳定性分析应根据尾矿库在运行期的等别情况，在各等别情况下选取典型运行期分别计算分析；

——简述计算断面概化的依据，各运行期各种荷载的组合，选取的各土层的物理力学指标；

——简述渗流计算公式及分析方法，对于1级和2级尾矿坝还应做专项三维数值模拟计算或物理模型试验，根据计算结果确定坝体浸润线的埋深是否满足渗流稳定和最小埋深等要求；

——进行尾矿坝抗滑稳定计算，给出典型计算剖面的稳定计算简图，列出尾矿坝在各运行期各种计算工况下的安全系数及与规范要求的符合性。对于尾矿库采用土工合成材料防渗的，抗滑稳定计算中应考虑土工合成材料对坝体稳定的影响；

——对于副坝应根据副坝的坝型进行相应的副坝稳定性计算；

——根据尾矿坝的级别及尾矿库所在地区的地震烈度，按有关规定要求进行尾矿坝的动力抗震计算；

——根据计算结果说明尾矿坝（副坝）的安全性，并给出尾矿坝坝体设计控制浸润线。

8.1.6 总结概述本节专用安全设施内容。

8.2 防排洪

8.2.1 防排洪设计中应说明尾矿库的防洪标准。防洪标准应根据各使用期的等别、库容、坝高、使用年限及对下游可能造成的危害程度等因素，按相关规范进行选取。

8.2.2 洪水计算应说明所采用的基础资料、计算方法、计算公式、水文参数的选取，对于三等及以上尾矿库宜取两种以上计算方法进行洪水计算，并对计算结果进行分析。

8.2.3 防排洪设施设计内容的编写应满足下列要求：

——根据地形、工程地质条件及尾矿库筑坝方式、结构计算和调洪计算结果，选择防排洪方式，确定尾矿库防排洪系统的布置、防排洪构筑物的断面型式、主要结构尺寸及配筋。对于采用截洪沟排洪的，应说明截洪沟排洪的可靠性；

——计算排洪系统各运行期的排水能力，对于进行水工模型或模拟试验的，应给出水工模型或模拟试验的结果，并说明设计采用的排水能力值；

——概述排洪构筑物的结构计算，主要包括运行条件、荷载组合、计算方法及计算结果；说明排洪构筑物的基础处理要求；对于尾矿、尾矿水、尾矿库岩土体、尾矿库地下水对排洪构筑物有腐蚀作用的，应说明排洪构筑物采取的防腐措施；对于寒冷地区尾矿库，应说明构筑物抗冻采取的安全措施；

——对于需要封堵的排洪构筑物，应说明封堵体的设计、封堵质量要求及封堵时期；

——对于改扩建的尾矿库，还要对利旧部分进行质量检测，并校核改扩建后现有排洪设施以及现有封堵体的结构可靠性。

8.2.4　调洪演算应在各等别情况下选取典型运行期，根据尾矿的粒度、放矿方式确定的沉积滩坡度计算出调洪库容，采用水量平衡法进行调洪演算，给出调洪计算结论，说明尾矿库防排洪的安全性。

8.2.5　总结概述本节专用安全设施内容。

8.3　地质灾害及雪崩防护设施

8.3.1　说明根据工程地质情况及所处地区情况设置尾矿库泥石流防护设施、库区滑坡治理设施、库区岩溶治理设施、高寒地区的雪崩防护设施，给出相应设施的布置、型式、结构参数、基础处理等要求。

8.3.2　总结概述本节专用安全设施内容。

8.4　安全监测设施

8.4.1　说明尾矿库安全监测设施的设置情况，应包含库区气象监测、地质灾害监测、库水位监测、干滩监测、坝体位移监测、坝体渗流监测及视频监控等。

8.4.2　说明尾矿坝位移监测、渗流监测的监测断面，给出各监测项目的监测点位及数量等。

8.4.3　说明尾矿库视频监控设施设置情况，视频监控部位应包含尾矿坝、干滩、排洪构筑物进出口、库水位等。

8.4.4　说明在线监测系统的设置情况。

8.4.5　总结概述本节专用安全设施内容。

8.5　排渗设施

8.5.1　说明尾矿库库底及尾矿坝坝体排渗设施的布置，排渗设施的型式及排渗设施的建设时期等。

8.5.2　结合渗流分析说明排渗设施的设计是否满足尾矿坝坝体控制浸润线的要求。

8.5.3　总结概述本节专用安全设施内容。

8.6　干式尾矿运输安全设施

8.6.1　对于干式堆存的尾矿库，说明干式尾矿运输的安全设施设置情况。

8.6.2　采用汽车运输时，应说明运输线路的布置、设备的型号和规格、安全护栏、挡车设施、汽车避让道、卸料平台的安全挡车设施等。

8.6.3　采用带式输送机运输时，应说明运输线路的布置、设备的型号和规格、系统的各种闭锁和电气保护装置、设备的安全护罩、安全护栏、梯子、扶手等。

8.6.4　总结概述本节专用安全设施内容。

8.7　库内水上设备安全设施

8.7.1　对于库内有回水浮船或运输船的尾矿库，应说明保护船只及船只上工作人员安全的设施，包括安全护栏、救生器材、浮船固定设施、电气设备接地措施等。

8.7.2　对于库内有浮箱泵站或者简易水上平台泵站，应说明保证工作人员安全的设施，包括安全护栏、救生器材、浮船固定设施、电气设备接地措施等。

8.7.3　对于用于放矿或者库内排水井维护等的水上浮桥、水上浮筒、水上检修平台、工作平台等，应说明其安全设施，包括安全护栏、救生器材、浮船固定设施等；上述设施可能对排水建筑物产生影响的，应给出保证排水建筑物正常使用的措施。

8.7.4　总结概述本节专用安全设施内容。

8.8　辅助设施

8.8.1　说明尾矿库的交通道路布置情况，包括库区巡查道路，尾矿坝、排洪系统与值班室及外部道路的连通道路和尾矿坝应急上坝道路等。

8.8.2　说明尾矿库通信设施设置情况，包括尾矿库生产作业人员、巡视人员与安全生产管理机构通信配备情况。

8.8.3　说明尾矿库照明设施设置情况。

8.8.4　说明尾矿库管理站设置情况。

8.8.5　说明报警系统设置情况。

8.8.6　对于堆存有毒有害尾矿的尾矿库，应说明库区安全护栏设置情况，防止无关人员及牲畜入内。

8.8.7　总结概述本节专用安全设施内容。

8.9　个人安全防护

8.9.1　说明尾矿库企业应为员工配备的个人防护用品的规格和数量及使用周期。

8.9.2　总结概述本节专用安全设施内容。

8.10　安全标志

8.10.1　说明尾矿库库区及周边应设置的符合要求的安全标志，包括尾矿库、交通、电气安全标志。

8.10.2　总结概述本节专用安全设施内容。

9　安全管理和专用安全设施投资

9.1　安全管理

9.1.1　说明尾矿库安全生产管理机构设置、职能、人员配备的建议及尾矿库安全教育和培训的基本要求。

9.1.2　说明应设置的矿山救护队或兼职救护队的人员组成及技术装备。

9.1.3　说明尾矿库应制定的相应各种安全事故的应急救援预案、应急物资配备的建议。

9.2　尾矿库安全运行管理主要控制指标

9.2.1　列出尾矿库安全运行管理的主要控制指标。

9.2.2　湿式尾矿库应包括库内控制的正常生产水位、调洪高度、安全超高、防洪高度、沉积滩坡度、正常生产水位时的干滩长度、最小干滩长度、各监测剖面的坝体控制浸润线、各项监测指标的预警值等。

9.2.3　干式尾矿库应包括库内调洪起始水位、调洪高度、防洪高度、安全超高、最小防洪宽度、各监测剖面的坝体控制浸润线、各项监测指标的预警值等。

9.3　专用安全设施投资

根据《金属非金属矿山建设项目安全设施目录（试行）》（国家安全监管总局令第75号）的规定，对本项目中设计的全部专用安全设施的投资进行列表汇总，相关内容可参考表2。

表 2　专用安全设施投资表

序号	名　　称	描　　述	投资 万元	说明
1	地质灾害及雪崩防护设施	列出本项工程专用安全设施的内容名称，下同		
2	尾矿库安全监测设施			
3	排渗设施			
4	干式尾矿运输安全设施			
5	库内船只安全设施			
6	辅助设施			
7	尾矿库应急救援设备及器材			
8	个人安全防护用品			
9	尾矿库、交通、电气安全标志			
10	其他设施			

10　存在的问题和建议

10.1　提出设计单位能够预见的在项目实施过程中或投产后，可能存在并需要矿山解决或需要引起重视的安全生产方面的问题及解决建议。

10.2　提出设计基础资料影响安全设施设计的问题及解决建议。

11　附件与附图

11.1　附件

安全设施设计依据的相关文件应包括采矿许可证的复印件或扫描件等。

11.2　附图

11.2.1　附图应采用原始图幅，图中的字体、线条和各种标记应清晰可读，签字齐全，宜采用彩图。

11.2.2　附图应包括以下图纸（可根据实际情况调整，但应涵盖以下图纸的内容）：

——尾矿库周边环境图；

——尾矿库安全设施平面布置图；

——尾矿库典型纵剖面图；

——尾矿坝纵横断面图；

——尾矿坝各期基建终了图（分期建设）；

——排洪系统典型纵横剖面图；

——排洪系统各期基建终了图（分期建设）；

——坝高—库容曲线图；

——尾矿坝坝体设计控制浸润线剖面图；

——监测设施布置。

附　录　A

（资料性）

尾矿库建设项目安全设施设计编写目录

A.1　设计依据

A.1.1　设计依据的批准文件和相关的合法证明文件

A.1.2　设计依据的安全生产法律、法规、规章和规范性文件

A.1.3　设计采用的主要技术标准

A.1.4　其他设计依据

A.2　工程概述

A.2.1　尾矿库基本情况

A.2.2　尾矿库地质与建设条件

A.2.2.1　工程地质与水文地质

A.2.2.2　影响尾矿库安全的主要自然客观因素

A.2.2.3　尾矿库周边环境

A.2.2.4　库址和堆存方式适宜性分析

A.2.3　工程设计概况

A.3　本项目安全预评价报告建议采纳及前期开展的科研情况

A.3.1　安全预评价报告提出的对策措施与采纳情况

A.3.2　本项目前期开展的安全生产方面科研情况

A.4　尾矿库主要安全风险分析

A.5　安全设施设计

A.5.1　尾矿坝

A. 5. 1. 1　初期坝

A. 5. 1. 2　堆积坝

A. 5. 1. 3　拦砂坝

A. 5. 1. 4　稳定性分析

A. 5. 1. 5　本节专用安全设施

A. 5. 2　防排洪

A. 5. 2. 1　防洪标准

A. 5. 2. 2　洪水计算

A. 5. 2. 3　防排洪设施

A. 5. 2. 4　调洪演算

A. 5. 2. 5　本节专用安全设施

A. 5. 3　地质灾害及雪崩防护设施

A. 5. 4　安全监测设施

A. 5. 5　排渗设施

A. 5. 6　干式尾矿运输安全设施

A. 5. 7　库内水上设备安全设施

A. 5. 8　辅助设施

A. 5. 9　个人安全防护

A. 5. 10　安全标志

A. 6　安全管理和专用安全设施投资

A. 6. 1　安全管理

A. 6. 2　尾矿库安全运行管理主要控制指标

A. 6. 3　专用安全设施投资

A. 7　存在的问题及建议

A. 8　附件与附图

A. 8. 1　附件

A. 8. 2　附图

附录二　第5部分：尾矿库建设项目安全设施重大变更设计编写提纲

1　范围

本文件规定了尾矿库建设项目安全设施重大变更设计编写提纲的设计依据、工程概述、安全设施变更内容、前期开展的科研情况、安全设施重大变更设计、存在的问题及建议、附件和附图。

本文件适用于尾矿库建设项目安全设施重大变更设计，章节结构应按附录A编制。

2　规范性引用文件

下列文件中的内容通过文中的规范性引用而构成本文件必不可少的条款。其中，注日期的引用文件，仅该日期对应的版本适用于本文件；不注日期的引用文件，其最新版本（包括所有的修改单）适用于本标准。

KA/T 20.4—2024　非煤矿山建设项目安全设施设计编写提纲　第4部分：尾矿库建设项目安全设施设计编写提纲

3 术语和定义

下列术语和定义适用于本文件。

3.1

尾矿库 tailings pond

用以贮存金属、非金属矿山进行矿石选别后排出尾矿的场所。

3.2

重大变更 major changes

与原设计相比，基本安全设施发生重大变化。尾矿库的重大变更事项应按照《非煤矿山建设项目安全设施重大变更范围》的要求执行。

4 设计依据

4.1 设计依据的批准文件和相关的合法证明文件

4.1.1 在设计依据中应列出所服务矿山的采矿许可证。

4.1.2 对于基建期尾矿库，列出安全设施设计审查意见书及批复文件。

4.1.3 对于运行期尾矿库，列出安全设施设计审查意见书及批复文件、安全设施验收意见书和安全生产许可证。

4.2 设计依据的安全生产法律、法规、规章和规范性文件

4.2.1 设计依据中应列出设计变更依据的有关安全生产的法律、法规、规章和规范性文件。

4.2.2 国家法律、行政法规、地方性法规、部门规章、地方政府规章、国家和地方规范性文件等应分层次列出，并标注其文号及施行日

期，每个层次内应按照发布时间顺序列出。

4.2.3 依据的文件应现行有效。

4.3 设计采用的主要技术标准

4.3.1 设计中应列出设计变更采用的技术性标准。

4.3.2 国家标准、行业标准和地方标准应分层次列出，标注标准代号；每个层次内应按照标准发布时间顺序排列。

4.3.3 采用的标准应现行有效。

4.4 其他设计依据

4.4.1 其他设计依据中应列出设计变更依据的安全设施设计报告及设计单位、相关的岩土工程勘察报告、试验报告、研究成果及安全论证报告等，标注报告编制单位和编制时间。对于运行期尾矿库，还应列出安全现状评价报告。

4.4.2 岩土工程勘察报告应达到详细勘察的程度。

5 工程概述

5.1 尾矿库基本情况

尾矿库基本情况应简述以下内容：

——企业基本情况，说明建设单位简介、隶属关系、历史沿革等；

——尾矿库的历史沿革；

——尾矿库所处地理位置、自然环境、气象条件及地震资料等；

——尾矿库地形地貌情况，说明尾矿库岸坡坡度、库底平均纵坡，植被情况，库内现有设施与居民情况。

5.2 原安全设施设计主要内容

简述原安全设施设计主要内容，并列出原安全设施设计的主要技术指标，相关内容应参照《非煤矿山建设项目安全设施设计编写提纲 第4部分：尾矿库建设项目安全设施设计编写提纲》（KA/T 20.4—2024）中表1的内容。

5.3 尾矿库现状

5.3.1 基建期尾矿库，应简述尾矿库建设现状。

5.3.2 运行期尾矿库，应简述尾矿库各设施情况及运行现状。

6 安全设施变更内容

6.1 安全设施变更内容

说明安全设施变更的内容，并逐项说明变更的原因，例如工程地质条件、水文地质条件、自然和环境条件、尾矿规模、尾矿物化特性、外部原因及企业内部决策发生变化等。

6.2 安全设施重大变更内容

对照《非煤矿山建设项目安全设施重大变更范围》，逐项说明安全设施重大变更的内容。

7 本项目安全现状评价报告建议采纳及前期开展的科研情况

7.1 安全现状评价报告提出的对策措施与采纳情况

运行期尾矿库用表格形式列出安全现状评价报告中提出的需要在安全设施重大变更设计中落实的对策措施，简要说明采纳情况，对于未采纳的应说明理由。

7.2 本项目前期开展的安全生产方面科研情况

叙述前期开展的与安全设施重大变更相关的科研工作及成果，以及有关科研成果在安全设施重大变更设计中的应用情况。

8 安全设施重大变更设计

参照《非煤矿山建设项目安全设施设计编写提纲　第4部分：尾矿库建设项目安全设施设计编写提纲》（KA/T 20.4—2024）中相关内容编制要求，编制本次安全设施重大变更部分的安全设施设计。

9 安全管理和专用安全设施投资

根据安全设施重大变更内容，说明尾矿库安全管理、尾矿库安全运行管理主要控制指标和专用安全设施投资变化情况，并参照《非煤矿山建设项目安全设施设计编写提纲　第4部分：尾矿库建设项目安全设施设计编写提纲》（KA/T 20.4—2024）中相关内容及要求进行编制。

10 存在的问题及建议

10.1　提出设计单位能够预见的在安全设施重大变更实施过程中或投产后，可能存在并需要生产经营单位解决或需要引起重视的安全问题及解决建议。

10.2　提出设计基础资料影响安全设施重大变更设计的问题及解决建议。

11　附件与附图

11.1　附件

11.1.1　附件应包括安全设施重大变更设计主要依据的相关文件的复印件或扫描件。

11.1.2　安全设施重大变更设计主要依据的文件应包括下列文件：

——采矿许可证；

——基建期尾矿库应包括安全设施设计审查意见书及批复文件；

——运行期尾矿库应包括安全设施设计审查意见书及批复文件、安全设施验收意见书和安全生产许可证。

11.2　附图

11.2.1　应参照《非煤矿山建设项目安全设施设计编写提纲　第4部分：尾矿库建设项目安全设施设计编写提纲》（KA/T 20.4—2024）的要求，对安全设施设计重大变更引起变化的图纸进行变更设计。

11.2.2　附图应采用原始图幅，图中的字体、线条和各种标记应清晰可读，签字齐全，宜采用彩图。

附　录　A

（资料性）

尾矿库建设项目安全设施重大变更设计编写目录

A.1　设计依据

A.1.1　设计依据的批准文件和相关的合法证明文件

A.1.2　设计依据的安全生产法律、法规、规章和规范性文件

A.1.3　设计采用的主要技术标准

A.1.4　其他设计依据

A.2　工程概述

A.2.1　尾矿库基本情况

A.2.2　原安全设施设计主要内容

A.2.3　尾矿库现状

A.3　安全设施变更内容

A.3.1　安全设施变更内容

A.3.2　安全设施重大变更内容

A.4　本项目安全现状评价报告建议采纳及前期开展的科研情况

A.4.1　安全现状评价报告提出的对策措施与采纳情况

A.4.2　本项目前期开展的安全生产方面科研情况

A.5　安全设施重大变更设计

A.6　安全管理和专用安全设施投资

A.7　存在的问题及建议

A.8　附件与附图

A.8.1　附件

A.8.2　附图

附录三　第 6 部分：尾矿库闭库项目安全设施设计编写提纲

1　范围

本文件规定了尾矿库闭库项目安全设施设计编写提纲的设计依据、工程概述、本项目安全现状评价报告中安全对策采纳及前期开展的科研情况、安全设施设计、闭库后安全管理要求、存在的问题和建议、附件与附图。

本文件适用于尾矿库闭库项目安全设施设计，章节结构应按附录 A 编制。

2　规范性引用文件

下列文件中的内容通过文中的规范性引用而构成本文件必不可少的条款。其中，注日期的引用文件，仅该日期对应的版本适用于本文件；不注日期的引用文件，其最新版本（包括所有的修改单）适用于本文件。

本文件没有规范性引用文件。

3 术语和定义

下列术语和定义适用于本文件。

3.1

尾矿库 tailings pond

用以贮存金属、非金属矿山进行矿石选别后排出尾矿的场所。

3.2

湿式尾矿库 wet tailings pond

入库尾矿具有自然流动性，采用水力输送排放尾矿的尾矿库。

3.3

干式尾矿库 dry tailings pond

入库尾矿不具自然流动性，采用机械排放尾矿且非洪水运行条件下库内不存水的尾矿库。

3.4

一次建坝 one-step constructed dam

全部用除尾矿以外的筑坝材料一次或分期建造的尾矿坝。

4 设计依据

4.1 设计依据的安全生产法律、法规、规章和规范性文件

4.1.1 设计依据中应列出闭库安全设施设计依据的有关安全生产的法律、法规、规章和规范性文件。

4.1.2 国家法律、行政法规、地方性法规、部门规章、地方政府规章、国家和地方规范性文件应分层次列出，并标注其文号及施行日期，每个层次内按发布时间顺序列出。

4.1.3 依据的文件应现行有效。

4.2 设计采用的主要技术标准

4.2.1 设计中应列出设计采用的技术性标准。

4.2.2 国家标准、行业标准和地方标准应分层次列出，标注标准代号；每个层次内按照标准发布时间顺序排列。

4.2.3 采用的标准应现行有效。

4.3 其他设计依据

4.3.1 列出建设项目设计依据的安全现状评价报告、各阶段岩土工程勘察报告、试验报告、质量检测报告、研究报告等，并标注报告编制单位和编制时间。

4.3.2 岩土工程勘察报告应达到详细勘察的程度。

5 工程概述

5.1 尾矿库基本情况

5.1.1 尾矿库基本情况应简述以下内容：

——企业基本情况，说明建设单位简介、隶属关系、历史沿革等；

——尾矿库的历史沿革、使用情况、安全现状及闭库原因等；

——尾矿库所处地理位置、自然环境、气象条件及地震资料等。

5.1.2 尾矿库基本情况还应简述尾矿库建设项目安全设施设计情况，包括总库容、总坝高、等级、贮存尾矿类别、安全设施等，并列出主要技术指标，相关内容应参照《非煤矿山建设项目安全设施设计编写提纲　第4部分：尾矿库建设项目安全设施设计编写提纲》（KA/T 20.4—2024）中表1的内容。

表 1　设计主要技术指标表

序号	指标名称	单位	数　　量	说明
1	尾矿库			
	占地面积	hm^2		
	汇水面积	km^2		
	总库容	万 m^3		
	总坝高	m		
	堆存方式		如干堆、湿堆（低浓度、高浓度、膏体）	
	等别			
2	尾矿坝			
2.1	初期坝（干式堆存尾矿库的拦挡坝、一次建坝的一期坝）			
	坝型			
	坝顶标高	m		
	坝顶宽度	m		
	坝高	m		
	上游坡比			
	下游坡比			
2.2	堆积坝			
	筑坝方式			
	堆积坝高	m		
	最终坝顶标高	m		
	平均堆积外坡比			
2.3	副坝			
	坝型			
	坝顶标高	m		
	坝顶宽度	m		

表 1（续）

序号	指标名称	单位	数　　量	说明
	坝高	m		
	上游坡比			
	下游坡比			
3	截排洪系统			
3.1	库外截排洪设施			
	截排洪型式		如拦洪坝 + 排洪隧洞	
	拦洪坝		坝型、坝顶宽度、坝顶标高、坝高、上下游坡比	
	排洪隧洞		净断面尺寸、长度、坡度、进水口标高、出口标高	
	消力池		净断面尺寸	
3.2	库内排水设施			
	排水形式		如排水井 + 隧洞	
	排水井			
	形式		如框架式排水井	
	直径	m		
	进水口标高	m		
	井顶标高	m		
	井高	m		
	竖井直径	m		
	竖井深度	m		
	排水斜槽		1 号排水斜槽	
	净断面尺寸	m		
	最低进水口标高	m		
	最高进水口标高	m		
	长度	m		
	坡度	%		

表 1（续）

序号	指标名称	单位	数　　量	说明
	排水隧洞			
	形式		如城门洞型	
	净断面尺寸	m		
	长度	m		
	坡度	%		
	进水口标高	m		
	出口标高	m		
	排水管		型式、净断面尺寸、长度、坡度，进口标高、出口标高	
	溢洪道		净断面尺寸、长度、坡度、进水口标高、出口标高	
	消力池		净断面尺寸	
4	维护设施			
4.1	坝坡维护设施			
	马道			
	高差	m		
	宽度	m		
	护坡			
	护坡型式		石料、土料、土石料等	
	护坡厚度	m		
	排水系统			
	坝肩截水沟		型式、净断面尺寸、坡度	
	竖向排水沟		型式、净断面尺寸、坡度	
	纵向排水沟		型式、净断面尺寸、坡度	
4.2	库内维护设施			
	覆土厚度	m		
	网状排水沟		型式、净断面尺寸、坡度	

5.2 尾矿库地质与建设条件

5.2.1 工程地质与水文地质编写应满足下列要求：

——工程地质条件应简述尾矿库库区的地层岩性、区域地质构造，尾矿库坝址及排洪系统的工程地质条件，各层岩土渗透性及物理力学性质指标，尾矿堆积坝的成分、颗粒组成、密实程度、沉（堆）积规律、堆积尾矿的渗透性及物理力学性质指标等。简述尾矿库库区及库周影响尾矿库安全的不良地质条件；

——水文地质条件应简述库区地表水和地下水的成因、类型、水量大小及其对工程建设的影响，水和土对建筑材料的腐蚀性。说明尾矿坝现状坝体内的浸润线位置及变化规律等；

——地质勘察报告结论及建议应简述工程地质与水文地质勘察的结论及建议；对于增设排洪设施的，论述地质条件对增设排洪设施的影响。

5.2.2 影响闭库后尾矿库安全的主要自然客观因素，列出影响闭库后尾矿库安全的主要自然客观因素，根据尾矿库实际情况对高寒、高海拔、复杂地形、高陡边坡、洪水、地震等进行有针对性的说明。

5.2.3 尾矿库周边环境，简述尾矿库周边环境情况，包括周边的工业设施、生产生活场所及主要水系与本项目的距离及其相关情况。

5.3 工程设计概况

5.3.1 简述尾矿库堆存方式、筑坝方式及闭库后库容、坝高、等别、尾矿坝、防排洪系统、排渗设施、维护设施、安全监测设施、辅助设施、工程总投资等情况。

5.3.2 列出闭库后设计的主要技术指标，相关内容可参考表1。新增的闭库措施在说明部分加以说明。

5.3.3 说明尾矿库闭库的完成时限要求。

6　本项目安全现状评价报告安全对策采纳及前期开展的科研情况

6.1　安全现状评价报告提出的安全对策与采纳情况

用表格形式列出安全现状评价报告中提出的安全对策，简要说明采纳情况，对于未采纳的应说明理由。

6.2　本项目前期开展的尾矿库闭库方面科研情况

叙述本项目前期开展的尾矿库闭库科研工作及成果，以及有关科研成果在本项目安全设施设计中的应用情况。

7　安全设施设计

7.1　尾矿坝

7.1.1　对于有多个尾矿坝的，本节应针对每个尾矿坝依次说明。

7.1.2　尾矿坝现状描述应满足下列要求：

——说明尾矿坝筑坝方式、结构参数、坝外坡坡比及坝面维护设施等；

——对于采用尾矿筑坝的，应针对非尾矿堆积坝和尾矿堆积坝分别说明。

7.1.3　尾矿坝闭库工程措施的编写应满足下列要求：

——说明闭库后坝外坡坡比及坝面维护设施相关参数，坝面维护设施主要包括护坡、坝面排水沟、坝肩截水沟、马道、踏步；

——需要进行坝体加固处理的，应说明加固处理方式及主要技术参数；对于需要降低浸润线的，说明降低浸润线的措施，需要增加排渗设施的，应给出排渗设施的型式；

——坝体存在塌陷、裂缝、冲沟需要整治的，应给出整治方式及主要技术参数；

——说明坝坡维护设施需要完善的部分及完善要求。

7.1.4 稳定性分析的编写应满足下列要求：

——尾矿坝的稳定性分析应根据尾矿库闭库等别，针对闭库前后分别计算分析；

——简述计算断面概化的依据，闭库前后各种荷载的组合，选取的各土层的物理力学指标；

——进行尾矿坝抗滑稳定计算，给出典型计算剖面的稳定计算简图，列出尾矿坝在各运行期各种计算工况下的安全系数及与规范要求的符合性。对于尾矿库采用水平防渗的，抗滑稳定计算中应考虑防渗设施对坝体稳定的影响；

——根据尾矿坝的级别及尾矿库所在地区的地震烈度，按有关规定要求进行尾矿坝的动力抗震计算；

——根据计算结果说明尾矿坝的安全性，并给出尾矿坝坝体设计控制浸润线。

7.1.5 总结概述本节专用安全设施内容。

7.2 防排洪

7.2.1 防排洪设计中应说明闭库后尾矿库的防洪标准。防洪标准应根据闭库后尾矿库对下游可能造成的危害程度等因素，按设计规范进行选取。

7.2.2 洪水计算应说明洪水计算所采用的基础资料、计算方法、计算公式、水文参数的选取，对于三等及以上尾矿库宜取两种以上计算方法进行洪水计算，并对计算结果进行分析。

7.2.3 防排洪设施设计内容的编写应满足下列要求：

——根据现状评价报告、排洪设施质量检测报告及现场使用情况等，说明尾矿库排洪设施现状；

——根据现状尾矿库防洪能力复核结果和排洪设施现状情况，确定闭库后尾矿库已有防排洪系统的利用情况及增设排洪系统的布置。对于采用已有排洪设施的，应说明原排洪设施的可靠性；

——根据尾矿库的排洪形式，计算排洪系统的排洪能力，对于进行水力模型试验的，应给出水力模型试验的结果，并说明设计采用的排洪能力值；

——给出闭库后尾矿库防排洪构筑物的断面型式，对于利用已有排洪设施的，给出加固处理方式，概述加固后结构强度复核；增设排洪系统的，概述排洪构筑物的结构计算，根据计算结果给出排洪构筑物的主要结构尺寸及配筋；说明排洪构筑物的基础处理要求；对于尾矿、尾矿水、尾矿库岩土体、尾矿库地下水对排洪构筑物有腐蚀作用的，应说明排洪构筑物采取的防腐措施；对于寒冷地区尾矿库，应说明构筑物抗冻采取的安全措施；

——对于需要封堵的排洪构筑物，应说明封堵体的设计、封堵质量要求及封堵时期。

7.2.4　调洪演算应根据闭库后尾矿库库内实际形状计算出调洪库容，采用水量平衡法进行调洪演算，给出调洪计算结论，说明尾矿库防排洪的安全性。

7.2.5　总结概述本节专用安全设施内容。

7.3　库区整治及维护设施

7.3.1　库区整治及维护设施应给出尾矿库库区整治及最终形状控制要求、覆土及植被要求、网状排水沟的布置方式、结构型式、断面尺寸及坡度等。

7.3.2　总结概述本节专用安全设施内容。

7.4　地质灾害及雪崩防护设施

7.4.1　说明根据工程地质情况及所处地区情况设置尾矿库泥石流防护设施、库区滑坡治理设施、库区岩溶治理设施、高寒地区的雪崩防护设施，给出相应设施的布置、型式、结构参数、基础处理等要求。
7.4.2　总结概述本节专用安全设施内容。

7.5　排渗设施

7.5.1　说明尾矿库闭库后需要保留和增加的排渗设施；结合排渗设施及现状渗流情况说明排渗设施的设计是否满足尾矿坝坝体控制浸润线的要求。
7.5.2　总结概述本节专用安全设施内容。

7.6　安全监测设施

7.6.1　说明闭库后尾矿库需要保留和完善的安全监测设施的设置情况，应包含库区气象监测、地质灾害监测、库水位监测、坝体位移监测、坝体渗流监测及视频监控等。
7.6.2　说明尾矿坝位移监测、渗流监测的监测断面，给出各监测项目的监测点位及数量等。
7.6.3　说明在线监测系统的设置情况。

7.7　辅助设施

说明尾矿库闭库时需要保留及完善的辅助设施。包括交通道路、尾矿库通信设施、照明设施、管理站、报警系统等。

7.8　安全标志

说明尾矿库库区及周边应设置的符合要求的安全标志，包括尾矿库、交通、电气安全标志。

8 闭库后安全管理要求

根据尾矿库闭库的实际情况提出闭库后尾矿库的具体管理要求，同时列出闭库后尾矿库的主要控制指标，湿式尾矿库和干式尾矿库均包括库内控制的调洪高度、安全超高、各监测点的坝体控制浸润线、各项监测指标的预警值等。

9 存在的问题和建议

9.1 提出设计单位能够预见的闭库后尾矿库可能存在并需要后期管理单位解决或需要引起重视的安全方面的问题及解决建议。
9.2 提出设计基础资料影响安全设施设计的问题及解决建议。

10 附件与附图

10.1 附件

安全设施设计依据的相关文件应包括建设项目安全设施设计审查意见书及批复文件的复印件或扫描件等。

10.2 附图

10.2.1 附图应采用原始图幅，图中的字体、线条和各种标记应清晰可读，签字齐全，宜采用彩图。
10.2.2 附图应包括以下图纸（可根据实际情况调整，但应涵盖以下图纸的内容）：

——尾矿库周边环境图；

——尾矿库安全设施平面布置图；

——尾矿库维护设施平面布置图；
——尾矿库典型纵剖面图；
——排洪系统典型纵横剖面图；
——尾矿坝纵横断面图；
——维护设施典型剖面图；
——尾矿坝坝体设计控制浸润线剖面图；
——监测设施布置图。

附　录　A

（资料性）

尾矿库闭库项目安全设施设计编写目录

A.1　设计依据

A.1.1　设计依据的安全生产法律、法规、规章和规范性文件

A.1.2　设计采用的主要技术标准

A.1.3　其他设计依据

A.2　工程概述

A.2.1　尾矿库基本情况

A.2.2　尾矿库地质与建设条件

A.2.2.1　工程地质与水文地质

A.2.2.2　影响闭库后尾矿库安全的主要自然客观因素

A.2.2.3　尾矿库周边环境

A.2.3　工程设计概况

A.3　本项目安全现状报告安全对策采纳及前期开展的科研情况

A.3.1　安全现状报告提出的安全对策与采纳情况

A.3.2　本项目前期开展的尾矿库闭库方面科研情况

A.4　安全设施设计

A.4.1　尾矿坝

A.4.1.1　尾矿坝现状

A.4.1.2　尾矿坝闭库工程措施

A.4.1.3　稳定性分析

A. 4. 2　防排洪

A. 4. 2. 1　防洪标准

A. 4. 2. 2　洪水计算

A. 4. 2. 3　防排洪设施

A. 4. 2. 4　调洪演算

A. 4. 3　库区整治及维护设施

A. 4. 4　地质灾害及雪崩防护设施

A. 4. 5　排渗设施

A. 4. 6　安全监测设施

A. 4. 7　辅助设施

A. 4. 8　安全标志

A. 5　闭库后安全管理要求

A. 6　存在的问题及建议

A. 7　附件与附图

A. 7. 1　附件

A. 7. 2　附图

附录四　金属非金属矿山建设项目安全设施目录（试行）

国家安全生产监督管理总局令　第75号

《金属非金属矿山建设项目安全设施目录（试行）》已经2015年1月30日国家安全生产监督管理总局局长办公会议审议通过，现予公布，自2015年7月1日起施行。

2015年3月16日

金属非金属矿山建设项目安全设施目录（试行）（节选）

一、总则

（一）安全设施目录适用范围。

1. 为规范和指导金属非金属矿山（以下简称矿山）建设项目安全设施设计、设计审查和竣工验收工作，根据《中华人民共和国安全生产法》和《中华人民共和国矿山安全法》，制定本目录。

2. 矿山采矿和尾矿库建设项目安全设施适用本目录。与煤共（伴）生的矿山建设项目安全设施，还应满足煤矿相关的规程和规范。

核工业矿山尾矿库建设项目安全设施不适用本目录。

3. 本目录中列出的安全设施不是所有矿山都必须设置的，矿山企业应根据生产工艺流程、相关安全标准和规定，结合矿山实际情况设置相关安全设施。

（二）安全设施有关定义。

1. 矿山主体工程。

矿山主体工程是矿山企业为了满足生产工艺流程正常运转，实现矿山正常生产活动所必须具备的工程。

2. 矿山安全设施。

矿山安全设施是矿山企业为了预防生产安全事故而设置的设备、设施、装置、构（建）筑物和其他技术措施的总称，为矿山生产服务、保证安全生产的保护性设施。安全设施既有依附于主体工程的形式，也有独立于主体工程之外的形式。本目录将矿山建设项目安全设施分为基本安全设施和专用安全设施两部分。

3. 基本安全设施。

基本安全设施是依附于主体工程而存在，属于主体工程一部分的安全设施。基本安全设施是矿山安全的基本保证。

4. 专用安全设施。

专用安全设施是指除基本安全设施以外的，以相对独立于主体工程之外的形式而存在，不具备生产功能，专用于安全保护作用的安全设施。

（三）安全设施划分原则。

1. 依附于主体工程，且对矿山的安全至关重要，能够为矿山提供基本性安全保护作用的设备、设施、装置、构（建）筑物和其他技术措施，列为基本安全设施。

2. 相对独立存在且不具备生产功能，只为保护人员安全，防止造成人员伤亡而专门设置的保护性设备、设施、装置、构（建）筑物和其他技术措施，列为专用安全设施。

3. 保安矿柱作为矿山开采安全中的重要技术措施列入基本安全

设施。

4. 主体设备自带的安全装置，不列入本目录。

5. 为保持工作场所的工作环境，保护作业人员职业健康的设施，属于职业卫生范畴，不列入本目录。

6. 地面总降压变电所不列入本目录。

7. 井下爆破器材库按照《民用爆破物品安全管理条例》（国务院令第466号）等法规、标准的规定进行设计、建设、使用和监管，不列入本目录。

8. 在矿山建设期，仅专用安全设施建设费用可列入建设项目安全投资；在矿山生产期，补充、改善基本安全设施和专用安全设施的投资都可在企业安全生产费用中列支。

……

四、尾矿库建设项目安全设施目录

（一）基本安全设施。

1. 尾矿坝。

（1）初期坝（含库尾排矿干式尾矿库的拦挡坝）。

（2）堆积坝。

（3）副坝。

（4）挡水坝。

（5）一次建坝的尾矿坝。

2. 尾矿库库内排水设施。

（1）排水井。

（2）排水斜槽。

（3）排水隧洞。

（4）排水管。

（5）溢洪道。

（6）消力池。

3. 尾矿库库周截排洪设施。

（1）拦洪坝。
（2）截洪沟。
（3）排水井。
（4）排洪隧洞。
（5）溢洪道。
（6）消力池。
4. 堆积坝坝面防护设施。
（1）堆积坝护坡。
（2）坝面排水沟。
（3）坝肩截水沟。
5. 辅助设施。
（1）尾矿库交通道路。
（2）尾矿库照明设施。
（3）通信设施。
（二）专用安全设施。
1. 尾矿库地质灾害与雪崩防护设施。
（1）尾矿库泥石流防护设施。
（2）库区滑坡治理设施。
（3）库区岩溶治理设施。
（4）高寒地区的雪崩防护设施。
2. 尾矿库安全监测设施。
（1）库区气象监测设施。
（2）地质灾害监测设施。
（3）库水位监测设施。
（4）干滩监测设施。
（5）坝体表面位移监测设施。
（6）坝体内部位移监测设施。
（7）坝体渗流监测设施。

（8）视频监控设施。

（9）在线监测中心。

3. 尾矿坝坝体排渗设施。

（1）贴坡排渗。

（2）自流式排渗管。

（3）管井排渗。

（4）垂直－水平联合自流排渗。

（5）虹吸排渗。

（6）辐射井。

（7）排渗褥垫。

（8）排渗盲沟（管）。

4. 干式尾矿汽车运输。

（1）运输线路的安全护栏、挡车设施。

（2）汽车避让道。

（3）卸料平台的安全挡车设施。

5. 干式尾矿带式输送机运输。

（1）输送机系统的各种闭锁和电气保护装置。

（2）设备的安全护罩。

（3）安全护栏。

（4）梯子、扶手。

6. 库内回水浮船、运输船防护设施。

（1）安全护栏。

（2）救生器材。

（3）浮船固定设施。

（4）电气设备接地措施。

7. 辅助设施。

（1）尾矿库管理站。

（2）报警系统。

（3）库区安全护栏。

（4）矿山、交通、电气安全标志。

8. 应急救援器材及设备。

9. 个人安全防护用品。

附录五　非煤矿山建设项目安全设施重大变更范围

矿安〔2023〕147号

各省、自治区、直辖市应急管理厅（局），新疆生产建设兵团应急管理局，有关中央企业：

为进一步加强非煤矿山建设项目安全设施设计源头管理，进一步规范安全设施重大变更后的设计审查工作，根据《建设项目安全设施"三同时"监督管理办法》（原国家安全监管总局令第36号）和《金属非金属矿山建设项目安全设施目录（试行）》（原国家安全监管总局令第75号），国家矿山安全监察局研究制定了《非煤矿山建设项目安全设施重大变更范围》，现印发给你们，请遵照执行。

非煤矿山企业在建设、生产期间发生《非煤矿山建设项目安全设施重大变更范围》规定的重大变更，原则上应当由原设计单位进行非煤矿山建设项目安全设施重大变更设计，并报原审批部门审查同意；未经审查同意的，不得开工建设。非煤矿山企业应当对建设、生产期间的重大变更工程组织安全设施竣工验收。

原国家安全监管总局印发的《金属非金属矿山建设项目安全设施设计重大变更范围》（安监总管一〔2016〕18号）同时废止。

国家矿山安全监察局

2023年11月14日

非煤矿山建设项目安全设施重大变更范围（节选）

三、尾矿库

（一）总库容或总坝高。

基建期总库容或总坝高发生变化。

（二）筑坝及排放方式。

1. 湿式尾矿库上游式尾矿筑坝法、中线式尾矿筑坝法、下游式尾矿筑坝法、一次建坝四类筑坝方式之间发生改变。

2. 湿式尾矿库坝前排放、周边排放、库尾排放四类尾矿排放方式之间发生改变。

3. 干式尾矿库库前式尾矿排放筑坝法、库周式尾矿排放筑坝法、库中式尾矿排放筑坝法、库尾式尾矿排放筑坝法、一次建坝五类筑坝方式之间发生改变。

（三）尾矿物化特性或尾矿量。

1. 采用尾矿堆坝的尾矿物化特性发生以下变化，并引起尾矿堆积、沉积或物理力学特性发生改变的：

（1）上游式尾矿坝或干式尾矿库入库尾矿粒度变细；

（2）中线式、下游式尾矿坝筑坝尾矿粒度变细；

（3）上游式尾矿坝入库尾矿排放浓度变高；

（4）膏体堆存尾矿的入库尾矿排放浓度变化。

2. 干式尾矿库堆存尾矿含水率变大，无法按设计要求筑坝和排矿作业，或引起尾矿物理力学特性发生改变。

3. 入库尾矿量变大。

（四）尾矿坝。

1. 初期坝或一次建坝存在下列情况之一的：

（1）坝址发生改变；

（2）坝型发生改变；

（3）坝高发生改变；

（4）坝体坡比变陡；

（5）筑坝材料发生改变。

2. 尾矿堆积坝平均堆积外坡比变陡。

3. 尾矿堆积坝上升速率变大。

4. 坝体防渗或者排渗型式、布置发生改变，并引起防渗、排渗效果变差。

5. 干式尾矿库堆存推进方向改变、压实度变小、台阶高度变高及台阶坡比变陡。

（五）防洪排水系统。

1. 防洪排水系统存在下列情况之一，并导致防洪排水系统的泄洪能力或建（构）筑物强度降低的：

（1）防洪排水系统型式发生改变；

（2）防洪排水系统布置发生改变；

（3）防洪排水系统结构发生改变；

（4）防洪排水系统尺寸发生改变；

（5）防洪排水系统建筑材料发生改变。

2. 排水构筑物终止使用时的封堵位置或封堵体结构发生改变。

（六）其他。

工程地质条件或外部环境发生重大变化，并对尾矿库运行安全产生重大影响。